JN059496

田口宏之[著]

図解!わかりやすーい品質向上のための製品設計実務入門

設計者が事前に品質トラブルを防ぐための知識とルール

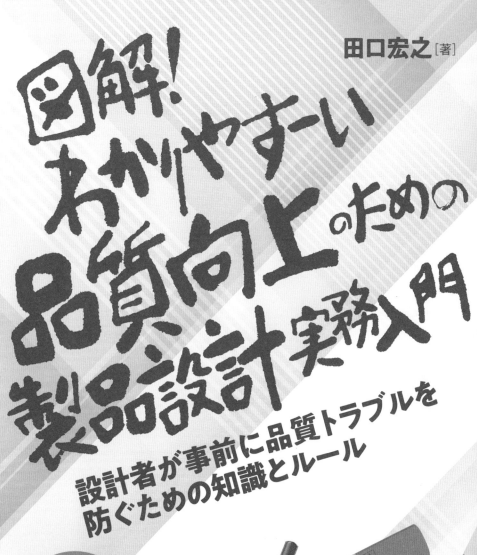

- わかりやすく
- やさしく
- やくにたつ

日刊工業新聞社

はじめに

　日本の製品は「品質が高い」ことで名声を勝ち取り、世界で存在感を示してきました。確かに、製造業に身をおいている立場からも、海外企業の製品と比べると、品質面での問題が少ないと実感できる場面が多くあります。日本企業はコスト面では苦戦することが多いものの、品質面での優位性により、今のところ何とかシェアを確保している状況だといえるでしょう。一方、アジア諸国を中心に、製造業の力が急速に伸び、品質も年々向上しています。コスト競争で苦戦し、品質もそれほど変わらないということになってしまうと、日本の製造業の未来はどうなるのかと心配になります。

　ここで、改めて日本企業がこれまで培ってきた「高品質」はどのように実現してきたのかを考えてみましょう。多くの企業が高品質な製品を顧客に届けるために、製品の企画から設計、製造など様々な工程において努力を積み重ねてきました。それらの工程の中でも、日本企業に強みがあるのが製造工程です。製造工程の優秀さが日本の製品の品質を支え、国際的に高い競争力を持つ製造業を作り上げてきたと考えられています。これからもその強みを維持、向上していくことは極めて重要です。

　一方、製品の品質やコストの８割が設計段階までに決まるといわれています。製造工程の国際的な名声に対して、日本企業の設計部門が優秀だという話はあまり聞いたことがありません。厳しい国際競争を勝ち抜くには、製造工程の強さに頼るだけでは限界があります。品質やコストの大半を決める設計業務のレベルアップが不可欠です。

　本文で詳しく解説しているように、品質といってもいろいろなものがあります。狩野モデルにおける「当たり前品質」はあって当たり前なので、一定レベル以上になると、いくらそれ以上品質向上を図ってもお客様の満足度は向上しません。海外企業の当たり前品質が向上している中、お客様の満足度が急上昇する「性能品質」や「魅力的品質」を向上させることが、国際競争に勝ち残るために極めて重要になっています。「性能品質」や「魅力的品質」を製造工程で向上させることは難しいため、上流工程である研究、企画、設計などが力をつける必要がありま

す。今後はこれらの品質をいかに確保するのかが、企業の競争力を決めるといっても過言ではないでしょう。では、もはや「当たり前品質」は適当にしておいて、「性能品質」「魅力的品質」を中心に確保すればよいのか。これは難しいところですが、当たり前品質をしっかり確保しないと、重大な品質問題に発展したり、最悪の場合リコールに至ったりします。必要な品質を確保しないことで、経営の継続自体が不可能になるのです。ではどうすればよいのか。できるだけ短い時間で効率よく「当たり前品質」を確保し、「性能品質」「魅力的品質」を生み出す余力を作る。これに尽きると考えます。設計部門全体の業務割合を考えたとき、多くの企業が品質問題の対策にかなり時間を取られているはずです。それらをできるだけ減らすことにより、競争力を確保しなければなりません。そのためには、設計段階から様々な対策を施す必要があります。

　本書は設計段階で「当たり前品質」を確保するための考え方や方法について解説した本です。「当たり前品質」を効率よく確保する方法を学び、企業の競争力を強化するための「時間」を確保することが本当の目的です。設計段階での品質向上について書かれた書籍は数多くあります。しかし、その多くが大規模な企業向けのものであったり、とても難解なものだったりします。また、FMEA やFTA といった設計ツール自体の解説にとどまっているため、なぜ、そのような活動が必要なのか理解しにくいものが多いといえます。そこで本書は、設計者が設計品質を向上させるために必要な知識の全体像をわかりやすく解説することを目的に執筆しました。組織の規模にかかわらず対応できるように配慮し、「当たり前品質」を確保するための考え方や方法をわかりやすく解説しています。細かな技術面の話は製品によって違うため最小限に抑え、品質確保の考え方を理解することに焦点を当てました。1 つのテーマは原則見開きの2 ページで解説し、重要なポイントを左ページに整理しています。章末には品質向上の実務事例とコラムを掲載し、本書の理解の助けとなるようにしました。また、本書の解説内容をさらに深く理解するために品質向上キーワード集や実務で使えるフレームワーク、品質向上に役立つチェックリストを付録に掲載しています。

　最後に、本書の企画、編集、校正に至るまで、日刊工業新聞社出版局の鈴木氏には大変お世話になりました。感謝申し上げます。

2023 年 10 月 1 日　著者　田口宏之

目　次

序章　品質向上の取組みの重要性

第 1 章　設計と品質の関係

第 2 章　品質向上の取組みの切り口

第3章　品質問題の再発を防ぐ！（再発防止活動）

第4章　品質問題を未然に防ぐ！（未然防止活動）

第 5 章　活動の効果をさらに高める取組み

付録　品質向上便利帳

品質向上の取組みの 重要性

PoiNT 1　QCDのバランス

Q（品質）
Quality

> 優れた製品かどうかは
> QCDのバランスで決まる

C（コスト）　　　　D（納期）
Cost　　　　　　　Delivery

	Q	C	D
自動販売機で購入		×	○
コンビニで購入		△	△
スーパーで購入	Qは同じ	○	×

ペットボトルのお茶のQCD（例1）

	Q	C	D
ペットボトル	×	○	○
大衆茶	△	△	△
高級限定茶	○	×	×

色々なお茶のQCD（例2）

PoiNT 2　なぜQが一番重要なのか？

Qが不十分 →	売れない	賠償責任	リコール[1)	評判悪化
Cが不十分 →	売れない	賠償責任	リコール	評判悪化
Dが不十分 →	売れない	賠償責任	リコール	評判悪化

> ただし、Qが常にCやDに
> 優先されるというわけでは
> ないことが難しいところ…

Qが一番重要！
多くの企業が「品質第一」を掲げている。

Point 1　QCDのバランス

　優れた製品かどうかは QCD のバランスで決まります。Q（Quality）は品質、C（Cost）は価格、D（Delivery）は納期のことです。例えばお茶について考えてみましょう。図の例1に示すように、全く同じ品質（例えば味）のペットボトルのお茶でも、自動販売機とコンビニ、スーパーでは価格が違います。すぐにでもほしいときは高くても自動販売機で買うでしょう。時間に余裕があってスーパーに行くことができれば、自動販売機よりかなり安い価格で購入することができます。また、例2に示すように、お茶には様々な品質のものがあり、コストや納期（入手性）が異なります。お茶を購入する人は、これらのバランスの中で自分のニーズに合ったお茶を選びます。あらゆる製品がこれらのバランスの中で顧客を獲得しているのです。

Point 2　なぜQが一番重要なのか？

　ではQCDの重要性はすべて同じと考えてよいでしょうか。結論からいうと、Qが一番重要です。仮にペットボトルのお茶がとても高かった場合、どうなるでしょうか。おそらく売れ行きが非常に悪くなると思われます。ネット通販で大衆茶を買うときに、手に入るまでに1か月以上かかる場合、購入する人はとても少なくなるはずです。しかし、これらのケース（つまりC、Dに問題がある）の場合、売れないこと以上の問題が生じることは稀です[2]。しかし、品質に問題があった場合はどうでしょうか。もし、体調が悪くなってしまうような成分が含まれていたら、損害賠償責任が生じます。おそらくリコールも必要でしょう。また、そのような品質問題を起こした場合、企業の評判は大きく落ち込み、その製品だけではなく、企業全体の経営にも大きな影響を与えます。QCDのバランスはとても重要ですが、その中でもQが一番重要であることを肝に銘じておかなければなりません。そのため、多くの企業で「品質第一」の方針が掲げられています。

　ただし、Qがどのような場合でもCやDより優先されるかというと、そういうわけではないことが難しいところです。Qだけを追求していれば企業間の競争に勝てるわけではありません。どのレベルのQが市場から求められているかを把握し、それをクリアした上で顧客が求めるQCDのバランスを確保することが必要なのです。

1）付録1-No.9「リコール」参照
2）契約内容によっては「納品の遅れにより生産ラインがストップした」といったC、Dの理由で損害賠償を請求される可能性はある。

0-2 品質に関わる社会の仕組み

POINT 1 法律／規格／企業の取組み

法律

必ず守らないといけないルール。法律違反はリコールに直結する。

分類	例
個別のルールについて定めたもの	消費生活用製品安全法、電気用品安全法、ガス事業法、LPG法、家庭用品品質表示法、道路運送車両法、食品衛生法、電波法、水道法、医薬品医療機器等法、労働安全衛生法、建築基準法、品確法、容器包装リサイクル法、家電リサイクル法　など
損害賠償責任について定めたもの	製造物責任法（PL法)[1]、民法　など
リコールや情報公開について定めたもの	道路運送車両法（自動車） 電気用品安全法（電気製品） 医薬品医療機器等法（医薬品、医療機器） 消費生活用製品安全法（製品全般）　など

規格

製品やサービス、方法、仕組みなどに関する取り決め（標準）。
規格を守るかどうかは基本的に任意だが、強制規格の場合は守る義務がある。

国際規格 ・・・・ ISO（国際標準化機構）
IEC（国際電気標準会議） など

> 国際協定により
> 国際規格≒国家規格

国家規格 ・・・・JIS（日本産業規格）など

業界規格 ・・・・ST基準（玩具）など

企業の取組み

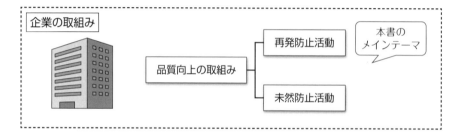

品質向上の取組み ─┬─ 再発防止活動　← 本書のメインテーマ
　　　　　　　　　└─ 未然防止活動

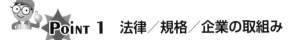

Point 1　法律／規格／企業の取組み

　品質は人々の健康や安全、環境などの重大な問題に直結します。そのため社会には品質の確保を目指して、様々な仕組みが構築されています。製品の品質向上の取組みは、これらの社会の仕組みを熟知した上で、実施することが求められます。重要な仕組みとして、法律、規格、企業の取組みについて概要を見ていきます。

〈法律〉

　立法や行政は品質確保を目指して様々な法律を制定してきました。企業にとって法律を守ることは義務ですから、自社製品に関係する法律は最も重要な要求事項[2]の1つとなります。代表的な法律を大きく3つにわけて紹介しましょう。1つ目は個別の製品が守るべきルールを定めた法律です。消費生活用製品安全法、電気用品安全法、道路運送車両法などがあります。製品が安全かどうかにかかわらず、法律違反はリコールに直結します。2つ目が損害賠償責任を定めた法律です。製造物責任法(PL法)と民法が最も重要です。製品の欠陥[3]や企業側の過失[4]などにより損害が生じた場合の責任を定めています。3つ目がリコール、情報公開に関する法律です。重大な問題のある製品はリコールや情報公開されることになるため、企業が品質を無視した経営をすることが事実上不可能な仕組みになっています。こういった法律により基本的な消費者保護制度はほぼ確立しているといえます。

〈規格〉

　規格は製品やサービス、方法、仕組みなどに関する取決め（標準）のことです。法律と異なり規格を守るかどうかは企業側が任意に決めて構いません。ただし、法律で規格を守ることを義務付けられている場合（強制規格）や、自社が守ると約束しているのに守らないのはNGです。非常にたくさんの規格が存在し、製品の品質の確保に大きな役割を担っています。規格には図のように国際規格、国家規格、業界規格などがあり、自社製品に関連する規格は熟知しておく必要があります。国際的な取決め（TBT協定[5]）により、国際規格と国家規格（JIS）は現在ほぼ同じ内容になっています。

〈企業の取組み〉

　法律や規格は自由に変えることができないため、企業が取組むのは主にこの部分です。様々な取組みがありますが、大きく再発防止活動と未然防止活動にわけることができます。本書ではこれらを詳しく解説していきます。

1）～4）付録1-No. 19、23、14、11「製造物責任法（PL法）」「要求事項」「欠陥」「過失」参照
5）貿易の技術的障害に関する協定（Agreement on Technical Barriers to Trade）

0-3 ますます重要になる品質の確保

Point 1 ますます重要になる品質の確保

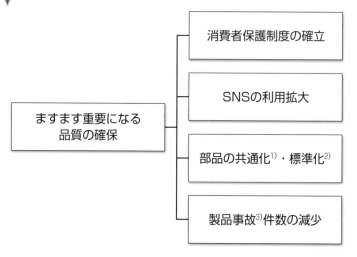

ますます重要になる
品質の確保

- 消費者保護制度の確立
- SNSの利用拡大
- 部品の共通化[1]・標準化[2]
- 製品事故[3]件数の減少

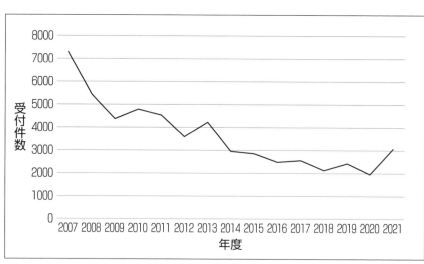

製品事故受付件数の推移[4]

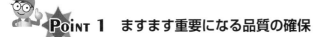

Point 1　ますます重要になる品質の確保

　必要な品質を確保することは、ずっと昔から企業にとっての最重要課題の1つでした。それは今も同じですが、近年はさらに品質の重要性が増しています。その理由を考えてみましょう。前項で述べたように、様々な法律や規格類が充実し、消費者保護制度が確立しました。品質を確保できない企業は、それらの法律などに基づき、様々な社会的制裁を受けます。製造業でものづくりに関わる上では、品質をしっかり確保することが最低条件だといえます。しかし、現代社会においては、消費者保護制度の確立だけが、品質を確保しなければならない理由ではありません。

　まず、SNSの利用拡大が挙げられます。以前は製品の品質問題に関する情報は、企業側だけが知る機密情報でした。消費者側と企業側には大きな情報格差があり、品質問題が起きたとき、多くの情報を持っている企業側が有利だったことは間違いありません。しかし、現在は製品の不具合が写真や動画で簡単に共有されます。頻度の高い不具合は消費者側も情報を持っていると思って対応する必要があります。企業側にとっては難しい時代になったといえます。

　もう1つは、部品の共通化・標準化が進んでいることです。これらは設計や製造、メンテナンスなど様々な業務の効率を向上させ、やり方によっては品質も大きく向上させることができます。そのため多くの企業が大変な工数を掛けて取組んでいます。しかし、一度品質問題が発生すると、非常に広範囲の製品に影響を及ぼします。近年、数百万台を超えるような巨大リコールがたびたび発生しており、これまで以上に品質の確保が重要な課題になっています。

　製品事故が起きるとニュースなどでセンセーショナルに報道されます。そのため、製品事故件数が増えていると感じられるかもしれません。しかし、実際には製品事故件数は、行政や企業などの努力により減少傾向にあります。これ自体はとてもよいことですが、もし自社が製品事故を起こすと、全体の件数が少ないためとても目立ってしまいます。したがって、製品事故を起こさないような取組みがますます重要になっているといえます。

---

1)〜3)付録1-No.1、21、20「共通化」「標準化」「製品事故」参照
4)nite（独立行政法人製品評価技術基盤機構）「2021年度　事故情報収集報告書」を参考に著者作成。
　事故件数は消費生活用製品安全法に基づいて収集されたものであり、自動車、医薬品、食品等は含まれない。

0-4 品質問題を起こすとどうなるか

Point 1　品質問題を起こすと・・・

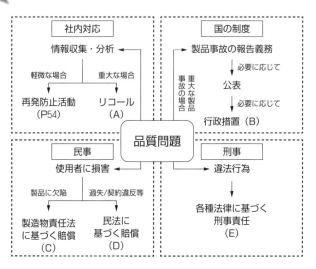

Point 2　品質問題の事例

ポイント①の記号	事例	
（A）リコール	D社	自動車用燃料ポンプ停止（対象 1000 万台以上）
	B社	自転車のカギ不具合による転倒事故（対象 300 万台以上）
（B）行政措置	T社	加湿器による火災のおそれ（危害防止命令）
	G社	石油ストーブによる火災のおそれ（危害防止命令）
（C）製造物責任法に基づく賠償	A社	強化ガラス製食器割れ事故（約 1000 万円の賠償判決）
	B社	カプセル玩具誤飲事故（約 2600 万円の賠償判決）
（D）民法に基づく賠償	T社	免震ゴム欠陥（約 3 億円の賠償判決）
（E）刑事責任	P社	湯沸器事故　元社長ら有罪判決（業務上過失致死傷罪）
	M社	自動車リコール隠し（元会長ら有罪判決）（道路運送車両法違反）

Point 1　品質問題を起こすと・・・

　品質問題を起こすと具体的にどのような対応をする必要があるのかを見ていきましょう。品質問題を起こすと、社内で様々な対応を実施する必要があります。品質問題といっても軽微なものから、放置すると重大な問題に発展する可能性のあるものまで様々です。まず、品質問題の情報を収集し分析します。軽微な場合は、P54～で解説する再発防止活動を通して、問題解決と品質向上のための仕組み構築を行います。もし、品質問題が重大な場合はリコールを行うべきか判断しなければなりません。一般にリコールは行政等から強制されるものではなく、自社の判断で実施します。リコールは誰もがやりたくないことですから、私情を排除して論理的に判断できる組織文化とその仕組みを構築する必要があります。特にP110で解説するリスクに関する知識は不可欠です。

　品質問題が製品に起因するものであり、被害が重大な場合[1]は国に報告することが義務付けられています。その中でも程度の大きなものは公表され、場合によってはリコールなどを命じる行政措置を受けることがあります。行政措置の対象となることは稀ですが、強い強制力があるため、ここまで至らないようにすることが大切です。

　製品の問題により使用者の身体、財産に損害を与えた場合は、損害賠償を請求されることがあります。製品に欠陥があった場合は製造物責任法、企業側に何らかの過失や契約違反があった場合は民法に基づき損害賠償責任を負います。少ない事例ですが、品質問題の背後に何らかの違法行為があった場合は、各種法律に基づき刑事責任が問われます。

Point 2　品質問題の事例

　Point 1 図の（A）～（E）について代表的な事例を紹介します。（A）リコールは毎年数多く実施されていますが、近年は部品の共通化・標準化の進行により、巨大リコールに発展する例が増えています。（B）各種法律により様々な行政措置が規定されています。表では消費生活用製品安全法に基づく危害防止命令の事例を示しています。（C）欠陥の証明により賠償責任を問うことができる製造物責任法は、消費者側に有利な法律であり、製造業にとっては最も重要な法律の1つです。（D）製造物責任法施行以降は民法での損害賠償請求は減少しましたが、これまでに様々な裁判が行われています。（E）品質問題の背後に違法行為があった場合は、企業、責任者、設計者などが刑事責任を問われることがあります。このように品質問題を起こすと、極めて多くの対応を迫られることになります。

1）死亡、治療期間が30日以上の負傷・疾病、一酸化炭素中毒、火災が起きた場合（消費生活用製品安全法）。

POINT 1 製品事故の原因

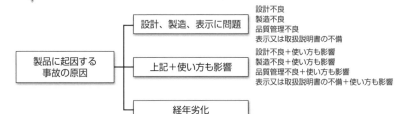

		設計不良
		製造不良
	設計、製造、表示に問題	品質管理不良
		表示又は取扱説明書の不備

- 製品に起因する 事故の原因
  - 設計、製造、表示に問題
    - 設計不良
    - 製造不良
    - 品質管理不良
    - 表示又は取扱説明書の不備
  - 上記+使い方も影響
    - 設計不良+使い方も影響
    - 製造不良+使い方も影響
    - 品質管理不良+使い方も影響
    - 表示又は取扱説明書の不備+使い方も影響
  - 経年劣化

POINT 2 リコールにまで発展した品質問題の事例

原因	製品	内容
設計、製造、表示に問題	デスクマット	製品に含まれる抗菌剤との断続的な接触により、アレルギー性接触皮膚炎を発症。製品回収。【設計不良】
	工具	エアゲージ付きノズルを使用中、加工不良により排気弁が飛び出して負傷。製品回収。【製造不良】
	飲料缶	製造工程中に変形した缶蓋が使用されたことで、飲料缶にバリが生じた。製品回収。【品質管理不良】
	シャワーヘッド	使用中の応力等によりプラメッキが剥離して怪我。メッキ剥がれに関する注意表示がなかった。製品交換。【表示不良】
上記 + 使い方も影響	シュレッダー	手が紙と一緒に投入口から引き込まれ子供が指を切断。投入口から細断刃までの距離が短い構造であり、保護者が目を離したことが原因。部品交換。【設計不良+使い方も影響】
	スノーボードブーツ	接着工程不良によりスノーボードブーツのソール部分が剥がれ転倒。使用者は剥がれが生じていることを認識した上で使用していた。製品回収。【製造不良+使い方も影響】
	自転車	プレス加工の不良により車輪が脱輪しやすくなっていたことに加えて、クイックリリースレバーを閉め忘れて乗車していたため前輪が外れた。製品点検。【品質管理不良+使い方も影響】
	電子レンジ加熱式ゆたんぽ	規定時間等を超えて加熱したことにより破裂。過剰加熱における危険性等の注意表示が十分ではなかった。製品回収。【表示不良+使い方も影響】
経年劣化	扇風機	30年の長期使用により、モーター巻線が絶縁劣化し火災に至った。注意喚起。【経年劣化】

Point 1　製品事故の原因

　市場ではどのような原因で品質問題が起きているのかを見ていきましょう。製品事故の収集・分析をしている公的機関である nite[1]では、製品に起因する事故の原因を図のように大きく3つに分類しています。1つ目は製品の設計、製造、表示に問題があるケースです。製造物責任法においては、製品に欠陥があった場合、その拡大被害[2]に対して企業側に賠償責任があるとされています。法律上の規定があるわけではないものの、一般に欠陥は3つの類型[3]があると考えられており、それと同様の方法で分類されています。2つ目はそれらの欠陥に加えて、使用者の使い方[4]にも問題があったケースです。使い方に問題があるのであれば、企業側の責任ではないと思う方もいるかもしれませんが、そうではありません。製造物責任法において欠陥は「通常予見される使用形態」において「通常有すべき安全性を欠いていること」と定義されています。つまり、その使い方が合理的に予見可能であれば、企業側が責任を問われることになります。そして3つ目が経年劣化です。基本的にすべての製品は劣化していつか壊れます。そのため特に長期間使用される製品においては、経年劣化による製品事故が大きな問題になることがあります。

Point 2　リコールにまで発展した品質問題の事例

　nite の製品事故データベース[5]の中から、Point 1 の原因に沿って、リコール等の対応を迫られた製品事故事例を紹介します。表を見るとわかるように、製品事故は身の回りの様々な製品で発生しています。自社製品はそれほど危険なものではないから、あまり真面目に考える必要がないというのは誤りです。しっかりとした対策をしていないと、どのような製品でも重大な品質問題を起こす可能性があります。また、設計者は設計起因の不具合だけを知っておけばよいかというと、そうではありません。製造不良の遠因には設計の問題が潜んでいることが多いのです。P22 で述べるように、品質の8割は設計段階までに決まるといわれています。設計段階で品質をしっかり確保することが企業にとって重要な課題です。

　このような品質問題の情報は nite、消費者庁、経済産業省、国土交通省、国民生活センターなどの公的機関で数多く公開されています。設計者にとって極めて価値の高い情報です。特に類似製品の情報は必ずチェックするようにしましょう。

1）nite：独立行政法人製品評価技術基盤機構　https://www.nite.go.jp
2）、3）付録1-No. 12, 7「拡大被害」「欠陥（欠陥の3類型）」参照
4）付録2-No. 7「製品の使われ方」参照
5）nite「製品事故情報・リコール情報」　https://www.nite.go.jp/jiko/jikojohou/index.html

第 **1** 章

設計と品質の関係

Point 1 品質とは何か？

＜品質がよい椅子の例＞

壊れにくい
怪我をしない
臭くない
デザイン性に優れている
キャスターの滑りがよい
軽い
高級感がある
座り心地がよい
　　　⋮

　非常にたくさんある

品質がよい椅子とは？

Point 2 切り口①：ISOの定義

品質

「対象に本来備わっている特性の集まりが、要求事項を満たす程度」
(ISO 9000：2015)

[対象]　　　　[特性]　　　　　　　　[要求事項]
　　　　　　　　　　　　　　　　　（ニーズ／期待）

品質
⇒お客様の期待を
満足させる程度

丈夫である　⟶　5年以上壊れない

安全性が高い　⟶　転倒しにくい

高級感がある　⟶　質感のよい表皮を使用

軽い　⟶　15 kg以下

Point 1　品質とは何か？

　本書は設計段階で品質を向上させるための考え方を解説する本です。したがっ
て、そもそも品質とは何か？ということを明確にしておく必要があります。実は、
品質の定義は少し難しく、ベテラン設計者でもうまく答えられないかもしれませ
ん。品質とは、イメージとしては、耐久性が高いことだったり、仕上がりがきれ
いなことだったりするかもしれません。確かにそれらも品質の一部ではあります
が、すべてではありません。それでは品質とは何なのか、身近な製品である椅子
を例に考えていきたいと思います。

　「品質がよい椅子」というと、どのような椅子を思い浮かべるでしょうか。少し
考えてみてください。壊れにくい、怪我をしない、デザイン性に優れているなど
たくさん思いつくのではないでしょうか。しかし、これだけでは品質とは何なの
かわかりづらいですね。ここから 3 つの切り口で品質について考えていきます。

Point 2　切り口①：ISO における品質の定義

　言葉の定義を知りたいときは、ISO や JIS などの規格類を見るのが一番近道です。
国際標準である ISO の定義に従って考えてみましょう。ISO では品質を「対象に本
来備わっている特性の集まりが、要求事項を満たす程度[1]」と定義しています。国際
規格特有のいい回しもあり、少しわかりにくいと感じられるかもしれません。しかし、
何度も読んでいると少しずつわかってきます。対象とは、ここでは椅子のことです。
特性は丈夫さや安全性、デザイン性などを示しています。そして、要求事項とは、
お客様のニーズや期待のことです。したがって、「お客様の期待を満足させる程
度」が品質の持っている意味になります。つまり「品質がよい椅子」というのは、
購入する人（お客様）の期待に十分応えている椅子だということになります。

　椅子に対するニーズや期待は人によって、あるいは椅子そのものよって当然異
なります。例えば、十万円以上もするような高価な椅子が 1 年で壊れたら、私で
あればその品質に失望します。一方、千円以下で購入できる簡易的な椅子が 1 年
で壊れても、「まあ、よく持ちこたえた方だ」と感じると思います。これは、私が
それぞれの椅子に対して抱く、期待の違いから生じます。したがって、品質に絶
対的な尺度があるわけではなく、その製品に対してお客様がどのような期待を持
っているかによって変わるということです。ISO の定義は、文章自体はわかりづ
らいものの、品質の考え方をうまく表現しているといえます。

1）ISO 9000：2015（JIS Q9000：2015）より引用

1-2 品質とは何か？②

Point 1　切り口②：仕事のプロセス

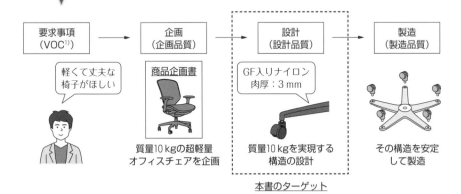

| 要求事項
(VOC[1]) | → | 企画
(企画品質) | → | 設計
(設計品質) | → | 製造
(製造品質) |

軽くて丈夫な椅子がほしい

商品企画書

質量10kgの超軽量オフィスチェアを企画

GF入りナイロン
肉厚：3mm

質量10kgを実現する構造の設計

その構造を安定して製造

本書のターゲット

Point 2　切り口③：狩野モデル

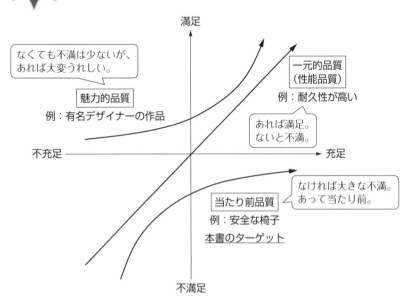

満足

なくても不満は少ないが、あれば大変うれしい。

魅力的品質

例：有名デザイナーの作品

一元的品質
（性能品質）

例：耐久性が高い

あれば満足。
ないと不満。

不充足 ——————— 充足

当たり前品質

例：安全な椅子

本書のターゲット

なければ大きな不満。
あって当たり前。

不満足

16

Point 1　切り口②：仕事のプロセス

2つ目の切り口として仕事のプロセスに着目します。一般に製品は企画⇒設計⇒製造というプロセスで完成します。企画部門は顧客の要求（VOC）を収集・分析し、新製品の企画をします。設計部門は企画書の内容を実現するための方法を検討し、図面や仕様書などにまとめます。製造部門は図面や仕様書などに基づき、安定的に製造できる方法を検討し、実際に製造を行います。企画部門の仕事が顧客の要求事項を満たしているかどうかを示すのが企画品質です。同様に設計部門の場合は設計品質、製造部門の場合は製造品質です。製品の品質を向上させるためには、各プロセスにおける品質をそれぞれ向上させる必要があります。本書は設計品質の向上をターゲットに解説をしていきます。

Point 2　切り口③：狩野モデル

3つ目の切り口として、品質要素分類の有名な手法である狩野モデル[2]を紹介します。図の縦軸は顧客の満足度、横軸は物理的な充足／不充足を表し、製品やサービスの品質を当たり前品質、一元的品質（性能品質）、魅力的品質に分類します。当たり前品質はなければ大きな不満を感じるが、あっても満足度が向上しない品質。性能品質はあれば満足度が大きくなり、なければ不満に感じる品質。魅力的品質はなくても不満は少ないが、あれば大変うれしいような品質を示します。

椅子の品質について考えてみましょう。安全性、普通に使える、簡単に壊れないといった基本的な特性については、当たり前品質だと考えられます。これが十分に確保できない場合、お客様は強烈な不満を感じます。一方、いくら頑張って充足させていったとしても、ある一定以上になると、お客様の満足度は向上しないことを示しています。充足度が上がるほど満足感が高くなるのが性能品質です。耐久性が高いほど満足する人は多いでしょう。椅子の魅力的品質とは何でしょうか。例えば、有名デザイナーの作品であることが考えられます。魅力的品質はなくても特に大きな不満を感じることはありませんが、あれば人によっては極めて高い満足感を得られます。他社との差別化のためには、性能品質や魅力的品質の向上が大きな課題といえるでしょう。

充足されない場合、非常に大きな不満を感じるのが当たり前品質です。したがって、多くの品質問題は当たり前品質の不充足で生じると考えられます。本書における品質向上は当たり前品質がターゲットです。

1）Voice of Customer：お客様の声
2）狩野紀昭、瀬楽信彦、高橋文夫、辻新一（1984）、魅力的品質と当り前品質、品質、14(2)、147-156。

1-3 設計とは何か？

設計

製品に対する要求事項（インプット）を製造できる形（アウトプット）に変換する一連のプロセス。

```
インプット ➡  設計
              設計の仕組み・手法・ツール等  ➡ アウトプット
```

項目		例
インプット		・商品企画書 ・仕様書 ・法律／規格類 ・お客様の声（VOC） ・設計基準 ・過去トラブル事例 ・製品の使われ方 ・競合他社の品質トラブル事例　など
アウトプット		・3D データ ・2D 図面 ・仕様書 ・部品表（BOM）[1] ・QA 表[2]　など
設計の仕組み 手法・ツール等	品質向上のための設計の仕組み	・再発防止活動（P54） ・未然防止活動（P88） ・上記を支える設計の仕組み（P62）
	保有技術	固有技術／共通技術
	デジタル技術	3DCAD／CAE[3]／PDM[4]／PLM[4]　など

Point 1　設計とは何か？

　次に設計とは何かについて考えていきます。設計とは製品に対する要求事項（インプット）を、製造できる形（アウトプット）に変換する一連のプロセスのことをいいます。P17 の **Point 1** の例でいうと、企画部門の超軽量オフィスチェアの企画書がインプット、それを実現するための構造などを書いた図面や仕様書がアウトプットです。実際にはインプットには企画書だけではなく、顧客からの購入仕様書や法規制、設計基準、過去トラブル事例からの教訓など非常にたくさんあります。私の経験上、品質問題の多くはたくさんあるインプットの抜け漏れに起因します。したがって、それらを抜け漏れなく抽出することが設計者の重要な仕事だといえます。アウトプットも図面、仕様書だけではなく、部品表や 3D データ、QA 表などがあり、設計者は製造部門が安定して製品を製造できるのに十分な情報を伝える必要があります。

　インプットをアウトプットに変換するのが設計です。シンプルで趣味に使うような部品であれば、設計者の頭の中で 3D データや図面に変換するだけでよいかもしれません。しかし、企業が作る製品は一般に複雑であり、大量に製造されます。設計者の頭の中だけで変換していると、インプットの抜け漏れや変換ミスなどが生じやすく、様々な品質問題を引き起こしてしまいます。そこで必要なのが設計の仕組みや手法、ツールなどです。これらは様々なものがありますが、本書ではこの中でも品質向上のために活用すべき設計の仕組みを紹介していきます。

　設計と同じような意味の言葉に開発というものがあります。JIS[5] には次のように書かれています。「"設計"、"開発" 及び "設計・開発" という言葉は、あるときは同じ意味で使われ、あるときは設計・開発全体の異なる段階を定義するために使われる。」一般的には設計プロセスの中でも、企画寄りの仕事を開発と定義している企業が多いかもしれませんが、JIS 上は厳密な区別はありません。本書では基本的にすべて設計という言葉に統一して解説します。

1）～ 4）付録 1-No. 22、34、25、32「部品表（BOM）」「QA 表」「CAE」「PDM/PLM」参照
5）JIS Q9000：2015「品質マネジメントシステム―基本及び用語」

POINT 1 機能／性能／詳細仕様

	設計における意味	例（腕時計）
機能 (function)	性能の上位概念 製品が果たす役割	水中で使える
性能 (performance)	機能を数値や指標に変換し、その能力を定量的に表現したもの。 （設計目標値）	10 気圧防水
詳細仕様 (specification)	機能や性能を満たすための具体的な設計手段 （設計解）	3種類のパッキンを本体とフタで挟み、ねじでつぶして止水性を持たせる構造

POINT 2 設計の進め方

プラスチック製
キャスター

機能 → 軽くて丈夫

性能
（設計目標値） → 100g以下
1500Nの荷重を3分間負荷し異常がないこと

詳細仕様
（設計解） → ナイロン(GF30)の一体成形
肉厚2.5mm、リブ構造

代表的な設計プロセスの例

企画 ＞ 基本設計 ＞ 詳細設計 ＞ 試作・評価

軽くて丈夫 〈機能

100g以下 〉性能
1500Nに3分間耐える

詳細
仕様

ナイロン(GF30)の一体成形
肉厚2.5mm、リブ構造

※企画段階から性能や詳細仕様が決まっている場合もある。

Point 1　機能／性能／詳細仕様

　設計について考える際、機能／性能／詳細仕様の違いについて理解しておくことが重要です。機能とは性能の上位概念で製品が果たすべき役割を示しています。腕時計を例に考えると「水中で使える」というのが機能の1つです。性能は機能を数値や指標に変換し、その能力を定量的に表現したものです。「水中で使える」といっても、プールで泳げるぐらいなのか、深くまで潜ってよいのかわかりません。それを「10気圧防水」のように定量的に示したものが性能です。設計目標値といい換えることもできます。詳細仕様は機能や性能を満たすための具体的な設計手段です。「10気圧防水」を実現するために、例えば「3種類のパッキンを本体とフタで挟み、ねじでつぶして止水性を持たせる構造」が詳細仕様となります。設計解といい換えることもできます。英単語はそれぞれ機能＝function、性能＝performance、詳細仕様＝specificationとなり、日本語より違いがわかりやすいかもしれません。

Point 2　設計の進め方

　設計の中心的な活動はインプットである要求事項を機能⇒性能⇒詳細仕様の順番で具体化し、アウトプットとして図面や仕様書などを作成することです。プラスチック製キャスターを例に考えてみます。キャスターが「軽くて丈夫」という機能が求められているとします。しかし、これだけではどの程度の重さや丈夫さを目指せばよいかわかりません。そこで設計者は様々な状況を勘案し「100g以下、1500Nの荷重を3分間負荷し異常がないこと」のように要求事項を性能（設計目標値）として具体化します。これができれば強度計算や各種評価試験などを実施しながら、「ナイロン（GF30）の一体成形で、肉厚が2.5mm、リブ構造」などのように詳細仕様（設計解）を決定することができます。詳細仕様が決まれば図面や仕様書に落とし込むことによって、製造部門に渡すアウトプットが完成します。

　通常、P44で解説する設計プロセスも機能⇒性能⇒詳細仕様の流れを踏まえて設定されています。設計の初期段階では機能を、設計が進むにつれて性能、詳細仕様という順番で検討を進めていきます。そのため製品の品質を確保するためには、要求される機能の抜け漏れない抽出が極めて重要になります。製品ライフサイクル[1]全体を見渡し、製品の使われ方や使用期間[2]を考慮しながら要求される機能を抽出していきましょう。

1）、2）付録2–No.1、2「製品ライフサイクル」「製品の使用期間」参照

Point 1 品質の8割は設計段階までに決まる

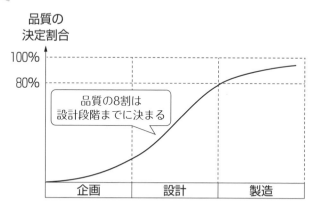

品質の
決定割合

100%
80%

品質の8割は
設計段階までに決まる

企画　設計　製造

Point 2 フロントローディング

フロントローディング

設計プロセスの初期段階に十分な検討を重ねることにより、設計期間の短縮、品質の向上およびコストの低減を目指す考え方。設計初期段階（front）に負荷（load）を掛けるという意味。

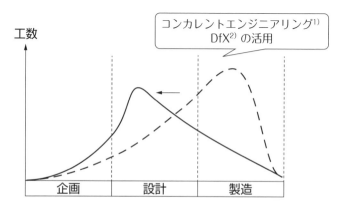

工数

コンカレントエンジニアリング[1]
DfX[2] の活用

企画　設計　製造

POINT 1　品質の8割は設計段階までに決まる

　一般に製品の品質の8割が設計段階までに決まるといわれます。もちろん業界や製品の条件などによって異なりますし、8割という数字に特別な意味があるわけではありません。設計段階における品質確保に向けた取組みが、いかに重要であるかを理解することがポイントです。この考え方を踏まえると、品質問題の多くが元をたどれば設計に原因があると考えることも可能です。例えば、部品同士の接合に接着という方法を設計段階で採用したとします。その製品が製造段階で接着の管理が不十分であったため、接着不良により品質問題が生じた場合を考えます。社内外において、これは製造不良として扱われる事象です。一方、接着というのは、管理をしっかりやらないと不良が起きやすい接合方法です。製造工程を考えたときに、接着の管理ができる体制があると判断して、設計段階で接着という接合方法を採用したのでしょうか。そうでなければ、設計にも原因の一部があると考える必要があるでしょう。一般に企業は品質問題を設計起因ではなく、製造起因で処理したいと考えるものです。なぜなら、製造起因であれば、特定のロットのみに問題があるといえますが、設計起因の場合は、すべての製品に問題があることになるからです。したがって、社内で製造起因だと判断されても、設計プロセスに改善すべき点はないか検証を進めなければなりません。

POINT 2　フロントローディング

　設計段階での検討が不十分であったために量産前に問題が見つかり、設計変更を行うというのはよく見られる光景です。納期ギリギリでの設計変更は、制約条件や関連部門が増えているため調整負荷が大きく、スケジュール的にも綱渡り状態になりがちです。P73で解説するように人は慌てるとエラーを起こす可能性が高まります。また、不正のトライアングル[3]を考えると、設計者などが不正に手を染めるおそれも出てきます。したがって、設計プロセスの初期段階に十分な検討を重ねることにより品質の向上を目指すことが大事です。このような考え方をフロントローディングといいます。フロントローディングを実現するためには、設計の上流段階で製品ライフサイクルにおける様々な課題を抽出しなければなりません。後工程の部門と早い段階から協業するコンカレントエンジニアリングやDfXという考え方を参考に、設計段階でどのようなことに配慮すればよいかを検討しましょう。

1）付録1-No.3「コンカレントエンジニアリング」参照

2）付録2-No.3「DfX」参照

3）P132参照

1-6 品質と信頼性

Point 1 信頼性

信頼性（reliability）

「アイテムが、与えられた条件の下で、与えられた期間、故障せずに、要求どおりに遂行できる能力。」(JIS Z8115：2019) ※アイテム：製品、ユニット、部品など

例（キャスター）

<使用環境条件>
例：温度5〜40℃、湿度20〜80%

<設計寿命／耐用年数>
例：5年

において機能や性能を維持できる

これが信頼性

 機能 — スムーズに動く

 性能（設計目標値） — 転がり摩擦係数 0.04以下

詳細仕様（設計解） — ナイロン製一体型キャスター ベアリング付き

Point 2 品質と信頼性の関係

要求事項　　品質　　信頼性

信頼性は品質の一部に過ぎないが、信頼性がない製品は、大きな品質問題を起こす可能性がある。

Point 1　信頼性

　品質に近い言葉に信頼性があります。「信頼性が高い」と「品質が高い」は同じような意味に感じる人も多いでしょう。実際に FMEA[1] や FTA[2] などの設計ツールは「信頼性向上のための解析技法」だと規定されており、信頼性と品質が近い意味であることを示しています。それでは、信頼性とは何でしょうか。JIS[3] では「アイテムが、与えられた条件の下で、与えられた期間、故障せずに、要求どおりに遂行できる能力」と定義されています。アイテムとは製品やユニット、部品などのことです。P20 で解説したように、顧客の要求を受けて、製品や部品は機能⇒性能⇒詳細仕様という順番で設計が進められていきます。特定の使用環境条件において、一定期間、機能や性能が維持できることを信頼性といいます。キャスターを例に考えてみます。「スムーズに動く」というのが顧客の要求です。多少温度や湿度が高い環境下でも、一定期間（例えば 5 年）スムーズに動いてくれるキャスターは信頼性が高いということができます。

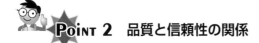

Point 2　品質と信頼性の関係

　一方、信頼性が高ければ、顧客が必ず満足するかというとそうともいえません。なぜなら、顧客の要求を機能、性能という形で変換しましたが、そもそも機能や性能が顧客の望むものと違っていたら顧客は不満に感じてしまいます。例えば、設計者は顧客が求めている「スムーズさ」は転がり摩擦係数が 0.04 以下だと考えました。厳しい使用環境下でも 5 年以上その転がり摩擦係数を維持できるように様々な工夫を施しました。しかし、実際に顧客が望む「スムーズさ」が転がり摩擦係数 0.03 以下だった場合、顧客はこのキャスターは品質が悪いと感じるのです。つまり、信頼性は品質の一部ではあるものの、全部ではないということです。

　たしかに信頼性は品質の一部に過ぎませんが、信頼性がない製品は、当たり前品質を確保できず、大きな品質問題を起こす可能性があります。機能や性能の設定に間違いがなければ、設計品質向上の活動の多くが、信頼性向上の活動になります。

1）P104 参照
2）P106 参照
3）JIS Z8115：2019 「ディペンダビリティ（総合信頼性）用語」

ボタン電池のフタの設計

> 歩数計に使用するボタン電池のフタの設計を実施している。ねじ止め式とスライド式の2案から選定したい。どちらがよいか検討せよ。

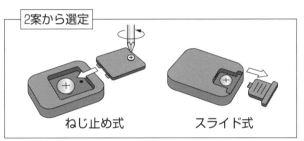

歩数計

2案から選定

ねじ止め式　　　　スライド式

《解説》

近年、乳幼児のボタン電池誤飲による事故が相次いでいます[1]。そのため、ボタン電池を使用する製品の設計に当たっては、誤飲事故のリスクを考慮に入れる必要があります。まず、ねじ止め式とスライド式のメリット・デメリットを整理しましょう。

	メリット	デメリット
ねじ止め式	・工具がないとフタが外れないため、乳幼児が触ってもボタン電池が露出しない。 ・製品を落としても、フタは外れにくい。	・電池交換のために工具が必要であるため、使い勝手が悪い。 ・部品点数が増えるためコストアップとなる。
スライド式	・電池交換が工具なしで簡単に行える。	・乳幼児が自分でフタを取り外したり、製品を落としたりすると、ボタン電池が露出し、誤飲のおそれがある。

双方にメリット・デメリットがあり、乳幼児の誤飲のおそれがなければ、スライド式の方に軍配が上がりそうです。それでは、乳幼児の誤飲について、どのように考えればよいでしょうか。製造物責任法では欠陥のある製品で拡大被害が生じた場合に損害賠償責任があるとされています。欠陥とはP11で解説したように

「通常予見される使用形態」において「通常有すべき安全性を欠いていること」と定義されています。したがって、本製品の設計に当たっては、乳幼児による誤飲が「通常予見される使用形態」において生じるかどうかを検討する必要があります。ここでフレームワーク[2]に沿って、本製品の使われ方を以下のように分類します。

	ボタン電池のフタの使われ方	設計での配慮
意図する使用	・乳幼児は本製品に触れない。 ・製品は落とさない。	―
予見可能な誤使用	・乳幼児が本製品に触れ、フタを開けようとする。 ・製品を誤って落とす。	①乳幼児が触れても容易にフタが開かない仕様とする。 ②製品を落としても、容易にフタが開かない仕様とする。 ③乳幼児が本製品に触れないように注意喚起する。
異常使用	・乳幼児が工具を使ってフタを開ける。 ・製品を投げて遊ぶ。	配慮しない。

　ボタン電池のフタの使われ方に関して、上記のように分類したとします。この場合、乳幼児が本製品に触れることは、誤使用ではあるものの予見可能であると判断していることになります。このように判断した場合は、設計において拡大被害（誤飲）の防止策を検討しなければなりません。例えば①乳幼児が触れても容易にフタが開かない仕様、②製品を誤って落としても容易にフタが開かない仕様、が求められます。したがって、本製品のフタを2案から選ぶ場合は、ねじ止め式を選定すべきでしょう。さらに③乳幼児が本製品に触れないように注意喚起することも必要でしょう。一方、乳幼児が本製品に触れることが、異常使用だと判断した場合は、このような設計配慮は不要です。本製品は一般家庭でもよく使用されるので、ある程度判断は容易です。しかし、例えば、業務用で使われる温度計だったらどうでしょうか。業務用ですから、家庭で使われることは異常使用と考えてよいでしょうか。製品の使われ方の分類に正解はなく、各企業においてしっかり議論して決める必要があります。なぜなら、この事例で示すように製品の使われ方を決めないと、設計が進められないからです。

1）独立行政法人国民生活センター発表資料　「ボタン電池を使用した商品に注意―乳幼児の誤飲により、化学やけどのおそれも」
2）付録2-No. 7「製品の使われ方」参照

アイデアを生み出すには

　魅力的品質を多く生み出すことが、企業の競争力向上にとって非常に重要になっています。魅力的品質は製品によって当然異なりますが、次から次に生み出すことができればどんなにすばらしいでしょうか。魅力的品質はいかに優れたアイデアを生み出すかにかかっていると思います。では、優れたアイデアはどうすれば生み出すことができるのでしょうか。「アイデアのつくり方[1]」という非常に有名な本があります。この本によると、アイデアは以下の手順で生み出されます。

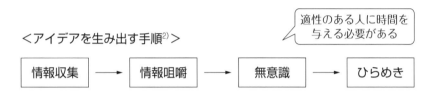

＜アイデアを生み出す手順[2]＞

情報収集　→　情報咀嚼　→　無意識　→　ひらめき

適性のある人に時間を与える必要がある

アイデア⇒既存要素の新しい組合わせ
アイデアを生み出す能力⇒事物の関連性を見つけ出す能力

　まず、多くの情報を集め、頭の中で咀嚼します。そして無意識の状態になったときにひらめくのです。アイデアは無から生み出されるのではなく、既存要素の新しい組合わせだということです。したがって、アイデアを生み出す能力というのは、事物の関連性を見つけ出す能力ということもできます。

　私の経験上、優れたアイデアを生み出すことができる人材は限られています。上記のプロセスを踏んだとしても、アイデアを出せる人と出せない人がいます。人にはそれぞれ得意不得意がありますので、組織として魅力的品質を生み出すには、適性のある人にそれを担ってもらうことが大事だと考えています。適性のある人がいたとしても、上記のプロセスが踏めない状態であれば、やはりアイデアを生み出すことはできません。適性のある人にアイデアを生み出す時間を与えることが大切です。本書を活用することにより、当たり前品質の確保や品質問題への対応時間をできるだけ減らし、魅力的品質を高めてもらいたいと考えています。なお、P92から解説する問題発見はアイデアを生み出す手順と似たところがあり、ある意味、非常に創造的な設計業務だといえます。

1）ジェームス・W・ヤング　「アイデアのつくり方」　CCC メディアハウス
2）1）の内容を元に著者作成

第**2**章

品質向上の取組みの切り口

POINT 1 品質目標を定める

経営方針 品質方針

＜例＞
・最高レベルの安全性を追求し、安心して
　暮らせる社会の構築に貢献する。

↓

品質目標 （会社全体）

＜例＞
・リコールゼロ
・Bランク以上の品質問題件数20％削減
　（昨年度比）

↓

品質目標 （設計部門）

＜例＞
・設計起因のリコールゼロ
・設計起因のBランク以上の品質問題件数
　30％削減（昨年度比）

＜目標設定のポイント＞
・実現可能である
・具体的である
・期限が明確である

POINT 2 PDCAサイクルで品質目標を達成する

品質目標を達成するた
めの具体的な行動計画
①再発防止活動
②未然防止活動
③設計の仕組み構築

活動に終わりはない。
永久にこのサイクルを
回し続ける。

PLAN
（計画）

DO
（実行）

ACTION
（改善）

CHECK
（評価）

Point 1　品質目標を定める

　スポーツ、ビジネス、受験、何でも同じですが、何かを実現しようと思った場合、明確な目標を定めることが大切だと思います。品質向上を実現するためにも、品質に関する目標（品質目標）を定める必要があります。品質目標は企業が社会においてどのような存在になりたいのか（経営方針）や、どのような品質を目指すのか（品質方針）をベースに考えます。自分の会社が何を目指すのかによって、当然、やるべきことが変わります。品質目標は会社全体として定め、必要に応じて事業部や部署単位でも決めていきます。目標を決めるときのポイントとして、まず実現可能な目標とすることが挙げられます。品質問題の発生をゼロにすることを目標にしている企業もあります。掛け声としてはよいかもしれませんが、ほとんどの企業にとって、現実的には不可能な場合が多いはずです。実現不可能なことを目標にすると、次のステップである計画段階で行き詰まってしまいます。次に目標は具体的にすることです。抽象的な目標では、何をどれくらいやればよいのかわかりません。最後に、期限を明確にすることです。難しい目標でも50年かければできるかもしれません。しかし、それでは誰も動きません。いつまでに達成する目標であるかを明確にしましょう。

Point 2　PDCAサイクルで品質目標を達成する

　品質目標が決まれば、それを実現するために皆さんも普段からやっているいわゆるPDCAサイクルを実施していきます。まず、品質目標を達成するための計画を立てます。品質向上実現の取組みは多岐にわたりますが、大きくわけると再発防止活動と未然防止活動に分類できます。そしてそれらの活動を通して設計の仕組みを構築していきます。それらの詳細については本書で詳しく解説していきます。計画（PLAN）⇒実行（DO）⇒評価（CHECK）⇒改善（ACTION）のサイクルを何度も回しながら目標達成を目指します。品質目標を達成したとしても、油断するとすぐに品質問題は起こります。基本的に品質向上の活動に終わりはありません。永久にこのサイクルを回し続けることが求められます。したがって、企業規模に対して無理のある大きな活動や非効率なやり方では続きません。また、当たり前品質以外にも魅力的品質の創造やコストダウン、設計生産性の向上など様々なことが設計部門には求められています。いかに効率よくこのサイクルを回し、品質目標を達成し続けるかを常に考えておくことが重要です。

2-2 品質向上を実現するために②

Point 1 品質向上への取組み

```
品質向上への          再発防止活動
取組み
                    問題の発生を起点とした品質
                    向上の取組み                    設計の仕組み
                                                   再発・未然防止活動を
                                                   支える5つのポイント
                    未然防止活動

                    まだ起きていない問題に対し
                    て、設計段階で事前に対策を
                    する品質向上の取組み
```

Point 2 再発防止活動と未然防止活動の関係

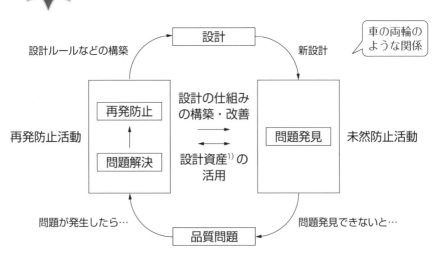

Point 1　品質向上への取組み

　品質向上は企業にとって、総力戦に等しい取組みです。しかも何年も何十年も続く、終わらない戦いでもあります。FMEA や FTA などの設計ツールやデジタル技術[2] を単に導入すれば、品質がすぐによくなるというようなことはあり得ないのです。限られた経営資源を効率的に活用し、品質向上を図らなければなりません。設計段階で品質（主に当たり前品質）を向上させる取組みは、大きく分けて 2 つあります。品質問題が起きてから対応する再発防止活動と、品質問題が起きる前に事前に対策をしておく未然防止活動です。そして 2 つの活動を支える仕組みが必要です。本書では「設計の仕組み」と呼びます。

Point 2　再発防止活動と未然防止活動の関係

　まず、再発防止活動と未然防止活動の概要を解説します。再発防止活動は問題の発生を起点とした品質向上の取組みです。市場で発生した問題を解決したり、再発を防ぐ仕組みを構築・運用したりする活動を行います。再発防止活動については第 3 章で詳しく解説します。未然防止活動はまだ起きてない問題に対して、設計段階で事前に対策をする品質向上の取組みです。デザインレビューなどを通して事前に問題を発見し、品質問題の発生を防ぎます。こちらは第 4 章で詳しく解説します。

　再発防止活動と未然防止活動は全く別の取組みかというと、そうではありません。両者には密接な関係があります。基本的にすべての設計は、何らかの新しい部分（新設計）が含まれます。新設計部分に対して未然防止活動で問題を探します。問題が発見されれば、事前に対策を打つことができるため、品質問題を防ぐことができます。問題を発見するプロセスで様々な情報や知識といった設計資産[2] を得ることができます。設計資産は再発防止活動で活用されます。発見できない問題があった場合、市場で品質問題が発生します。その品質問題に対応するのが再発防止活動です。再発防止活動では未然防止活動で得た設計資産を活用しつつ、再発を防ぐために設計の仕組みを構築・改善していきます。再発防止活動で構築した設計の仕組みは、次の新設計の際に未然防止活動で活用されます。さらに再発防止活動で得た様々な設計資産も未然防止活動で活かされます。再発防止活動と未然防止活動はまさに車の両輪のような関係だといえます。

1）P40 参照　設計資産
2）P124 参照　デジタル技術

設計の仕組み
一品質向上を実現するための5つのポイント

Point 1　5つのポイント

(1) 組織文化

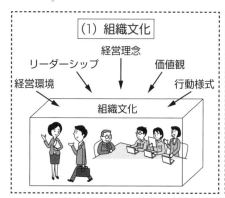

リーダーシップ　経営理念　価値観
経営環境　　　　　　　　　行動様式
組織文化

(2) 人材

マネージャー　　　　　チェッカー/レビュアー
仕組み構築者　承認者　設計者

(3) 設計資産

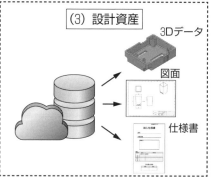

3Dデータ
図面
仕様書

(4) 設計プロセス

企画　基本設計　詳細設計　試作・評価

(5) マネジメント

個別プロジェクト[1]のマネジメント

企画　基本設計　詳細設計　試作・評価

設計の仕組みのマネジメント

品質方針　品質目標　再発防止活動　未然防止活動　人材育成　設計資産

Point 1　5つのポイント

　ここからは再発防止活動と未然防止活動を支える設計の仕組みについて解説していきます。設計の仕組みには5つの重要なポイントがあります。それが図に示す組織文化、人材、設計資産、設計プロセス、マネジメントです。品質問題が起きたとき、その原因を掘り下げていくと、5つのどこかに問題があることがほとんどです。本項ではその概要を解説し、次項からそれぞれ詳しく見ていくことにします。

〈(1)組織文化〉

　組織やその構成員が持つ考え方、価値観などは品質向上の取組みを実施するに当たって、決定的な影響を及ぼします。特に未然防止活動は、それを支える組織文化がなければ実行不可能です。

〈(2)人材〉

　品質向上の実現において、人材の能力が極めて重要であることはいうまでもありません。ただし、必要な人材は設計者だけではないことに注意しなければなりません。その他にチェッカー／レビュアー、仕組み構築者、マネージャー、承認者の能力を考える必要があります。

〈(3)設計資産〉

　設計プロセス全体で生み出される情報や知識などの集合体を本書では設計資産と呼びます。再発防止活動と未然防止活動を効果的に実施するには、設計資産の効率的な蓄積と活用がポイントになります。

〈(4)設計プロセス〉

　問題の発見と設計資産の蓄積を効率的に実施するためには、優れた設計プロセスが必要です。設計プロセスは製品や業界などによって様々ですが、それぞれの特徴に合わせて、品質を確保できる設計プロセスを構築していきます。

〈(5)マネジメント〉

　組織やプロジェクトの方針や目標を定め、その目標を達成するために必要な経営資源、プロセスなどを管理するのがマネジメントです。品質向上という目標を達成するためには、個別プロジェクトと設計の仕組みのマネジメントが必要です。

1）プロジェクト：開始日と終了日を持ち、目標を達成するために実施される一連の活動。

2-4 設計の仕組み ―①組織文化

Point 1 組織文化

組織文化

「組織および組織の構成員が考え方、価値観、行動様式などを共有し、積年にわたり醸成してきた無形の環境の総体」[1]

「文化は戦略に勝る[2]」（ドラッカー氏）

成果　⇒品質目標の達成

戦略　⇒再発防止活動／未然防止活動などの取組み

組織文化（経営理念／価値観／行動様式など）　⇒品質に対する考え方／優先順位など

Point 2 なぜ組織文化が重要なのか？

メリット	例	デメリット
さらなる問題発生の抑止	重大品質問題が発生したためリコール実施を決断	莫大なリコール費用
エラー防止による品質向上	図面や仕様書のダブルチェックを実施	チェックに時間を取られ、残業増加
品質向上	未然防止活動の強化	設計リードタイムの増加
コスト低減	強度設計時の安全率変更（3.5 ⇒ 3.0）	安全性の低下

設計におけるトレードオフの例

Point 1　組織文化

　企業などの組織にはそれぞれの文化があります。組織に属する人々が価値観や行動様式などを共有し、長い時間をかけて醸成してきたもの、それが組織文化です。品質に対する考え方、ものづくりにおいて何を優先するか、などは組織文化に大きな影響を受けます。複数の組織で仕事をしたことがある人であれば、品質に対する考え方が組織によって大きく異なることに気づくのではないでしょうか。組織文化は本書の大きなテーマである設計品質の向上を考えた場合、極めて重要な意味を持ちます。前項で述べた5つのポイントの中で最も重要だといっても過言ではありません。著名な経営学者であるドラッカー氏は「文化は戦略に勝る」と述べています。本書は品質向上を実現するための戦略（再発防止活動など）を解説していますが、それらを実行するためには、優れた組織文化が不可欠だということです。もちろん、戦略を立てることが無駄だというわけではありません。

Point 2　なぜ組織文化が重要なのか？

　誰も品質の低い製品を作りたいとは思っていません。ボタンを押すだけで最高品質の製品になるのなら、すべての設計者がそうするはずです。なぜ品質の低い製品が存在するのかというと、表の例のように、設計はトレードオフの連続だからです。コストを気にする必要がなく、設計期間もいくらでも確保できるのであれば、品質問題の多くを防ぐことができるはずです。しかし、当然、コストも設計期間も制約があります。つまり、様々な場面でトレードオフに直面し、その都度、判断しなければならないのです。そのときの判断基準はどのようなものでしょうか。もちろん、社内の設計基準などで容易に判断できることもあるでしょう。しかし、白黒がはっきりするものばかりではありません。限りなくグレーに近い、白もあるし、その逆もあるのです。また、第4章で述べる未然防止活動を継続するには、設計リードタイムが伸びるといったデメリットより、品質向上のメリットの方が大きいと判断できる組織文化が不可欠です。なぜなら、再発防止活動とは異なり、未然防止活動では、まだ起きてすらいない問題の防止に、多額のコストや設計工数をかけなければならないからです。起きていない問題に、コストや設計工数をかけることが重要だという組織文化がなければ、必ず、効率化や人員不足、予算を理由に、未然防止活動は削られていくことになります。

1）渡部正治　「組織文化・組織風土・社風の考察」　21世紀社会デザイン研究、2020
2）ドラッカー　"Culture eats strategy for breakfast."

Poᴉɴᴛ 1　品質向上のために必要な人材

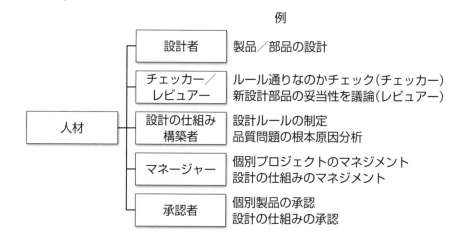

例

- 設計者 … 製品／部品の設計
- チェッカー／レビュアー … ルール通りなのかチェック（チェッカー）／新設計部品の妥当性を議論（レビュアー）
- 設計の仕組み構築者 … 設計ルールの制定／品質問題の根本原因分析
- マネージャー … 個別プロジェクトのマネジメント／設計の仕組みのマネジメント
- 承認者 … 個別製品の承認／設計の仕組みの承認

（人材）

Poᴉɴᴛ 1　品質向上のために必要な人材

　品質向上を実現するための活動において、人材の重要性を否定する人はいないでしょう。ただし、注意しないといけないのは、品質向上に必要な人材は設計者だけではないということです。品質向上は総力戦ですから、様々な人材の能力を活用していくことが必要になります。以下は必要な人材の機能を5つにわけたものです。すべて別人がやるというわけではなく、同じ人が複数の機能を持つこともあります。

〈設計者〉

　設計品質を向上させるために、設計者のスキルが重要であることはいうまでもありません。設計者のスキルが設計品質のかなりの部分に影響します。極端な話をすると、もし設計者が極めて優秀で、あらゆる技術分野に精通し、ミスをすることがないのであれば、本書で解説する様々な活動や設計の仕組みは不要かもしれません。

〈チェッカー／レビュアー〉

　上記のような天才的な設計者はまず存在しません。すべての技術分野に精通するのは不可能ですし、設計者は人間ですから、体調が悪いときにはミスをすることもあります。したがって、設計者のエラー[1]を防ぐために、チェッカーとレビュアーが必要です。本書では各種ルールが守れていること、うっかりミスがないことをチェックする人材をチェッカーと呼びます。ルールがない新設計部品においては、設計の妥当性を議論し問題発見を促す必要があります。このようなレビューをする人材を本書ではレビュアーと呼びます。レビュアーは各種技術の専門家や経験豊富な有識者です。

〈設計の仕組み構築者〉

　設計の仕組みを構築、運用していくためには、それを支える担当者が必要です。本書ではこのような人材を設計の仕組み構築者と呼びます。品質向上の取組みがうまくいかない企業は、この担当が明確になっていないことが多いと考えています。設計者が片手間でできるほど簡単な仕事ではありません。組織の大きさや製品の種類にもよりますが、全社、部、課など、組織のレベルごとに担当者を置く方がよいでしょう。

〈マネージャー〉

　品質向上実現のためには、個別プロジェクトのマネージャーと設計の仕組みのマネージャーが必要です。個別プロジェクトはマネージャーがしっかり管理していることが多いですが、設計の仕組みは力が注がれていないことが多いのが実情です。優秀なマネージャーを育成することは、すべての組織にとって極めて重要な経営課題です。

〈承認者〉

　設計はたくさんの選択肢の中から、採用する技術や形状、材料などを決めていく作業です。各種トレードオフがあったり、部門内で意見が分かれたりすることは日常茶飯事です。そのため、承認権限を持った人が設計内容について承認しなければなりません。承認するためには、しかるべき職位と十分な知識が必要です。このような人材を本書では承認者と呼びます。承認者は設計の内容や重要性によって複数存在することが普通です。個別プロジェクトのマネージャー（課長レベル）が承認者だということもあるでしょうし、重要性の低い内容であれば、係長レベルのリーダーが承認者であることも考えられます。また、極めて重要性が高い内容であれば、経営者層が承認者になることもあります。さらに、設計ルールや設計プロセスなど、設計の仕組みに関する承認者も当然必要です。

1）P70参照　設計者のエラー

2-6 設計の仕組み
—③設計資産（1）

Point 1 設計資産とは

設計資産

設計プロセス全体で生み出された情報、知識などのナレッジの集合体。

分類	設計資産の例
前工程からのインプット	商品企画書／お客様の声（VOC）／購入仕様書
後工程へのアウトプット	3Dデータ／2D図面／部品表／各種仕様書／各種設計書
設計プロセスで生み出される様々な情報、知識など	QFD／FMEA／FTA／評価試験結果／シミュレーション結果
顧客情報	売上情報／アンケート結果／顧客キーマン情報
市場情報	展示会情報／法規制／他社リコール情報／PL裁判事例
品質不具合情報	不具合件数／不具合内容／不具合分析報告書
設計ルール／マニュアル	設計基準／チェックリスト／マニュアル／各種帳票
各種技術に関するナレッジ	固有技術／共通技術／デジタル技術

Point 2 知のピラミッド[1]

高度化する取組みが重要

知恵 ⇒知識をベースに設計者が発揮する創造的能力
例：問題発見

知識 ⇒設計者に一定の行為を促すために体系化された情報
例：設計基準／設計マニュアル／チェックリスト

情報 ⇒一定の目的を達成するために加工されたデータ
例：強度評価試験の分析結果報告書

データ ⇒何らかの目的のために収集された文字、数字などの集合
例：強度評価試験の材料強度の数値

Point 1　設計資産とは

　再発防止活動や未然防止活動といった設計プロセス全体の中で生み出される情報や知識などの集合体が設計資産です。これらの情報や知識など（ナレッジと呼ぶ）は、金融資産や不動産などのように企業の財務諸表には出てきません。しかし、極めて高い価値を持つものですので、本書では資産という呼び方にします。図に示すように設計資産には様々なものがあります。再発防止活動と未然防止活動を効果的に実施するには、これらの設計資産をうまく蓄積・活用する必要があります。

　何の仕組みがなくても各部門の設計者や技術者が勝手に設計資産を蓄積していくかというと、そんなことはありません。設計という仕事をやれば自然と設計資産が蓄積していくような仕組みを構築することが重要です。また、ただ単純にたくさんの情報を集めてパソコンに入れておけば、設計者が勝手に参照して品質が向上するというものでもありません。設計資産は使える形で蓄積しなければなりません。設計資産の構築はいわゆるナレッジマネジメント[2]そのものだといえます。

Point 2　知のピラミッド

　設計資産にはいくつかのレベルがあります。それを示したものが知のピラミッドです。データは単純な文字、数字などの集合です。例えば、製品が強度不足で壊れた際に、材料の強度試験を実施して得られた強度の数値はデータです。データを大量に集めるだけではほとんど価値はありません。情報は一定の目的を達成するために、分析を行い意味のあるものに加工されたデータです。評価試験結果を分析したものなどが該当します。知識は設計者に一定の行為を促すために体系化された情報です。強度試験の分析結果から設計基準や設計マニュアルを作れば、それが知識になります。再発防止活動は適切な知識を作ることが主要な活動の1つです。知恵は知識をベースとして設計者が発揮する創造的能力です。本書の内容でいうと、P116で解説する問題発見能力が知恵に該当すると考えることができます。未然防止活動はこの知恵を使った問題発見がポイントとなります。知恵を発揮させるためには、データ⇒情報⇒知識のようにナレッジを高度化させる取組みが不可欠です。

1）梅本勝博　「ナレッジマネジメント：最近の理解と動向」情報の科学と技術、2022 を参考に筆者作成
2）付録 1–No. 4「ナレッジマネジメント」参照

設計の仕組み
─③設計資産(2)

Point 1 暗黙知と形式知

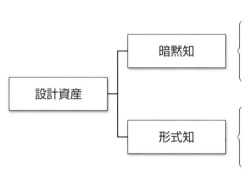

例
・スナップフィット[1]のクリック感
・意匠性の良否
・製品の使いやすさ
・経験に基づく安全率の設定

設計資産 ── 暗黙知

設計資産 ── 形式知

・設計基準書
・設計マニュアル
・図面(2D/3D)
・FMEA/FTA

Point 2 暗黙知と形式知の関係(SECIモデル[2])

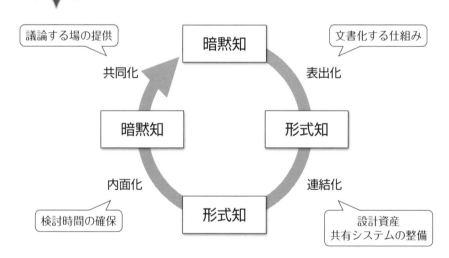

議論する場の提供

暗黙知

文書化する仕組み

共同化　　　　　　　　　　表出化

暗黙知　　　　　　　　　　形式知

内面化　　　　　　　　　　連結化

形式知

検討時間の確保

設計資産
共有システムの整備

POINT 1　暗黙知と形式知

　一般に情報や知識などのナレッジは暗黙知と形式知にわけることできます。設計資産には形式知ばかりではなく暗黙知も含まれます。暗黙知は個人の経験や感覚に基づく主観的なもので、言語化しにくいナレッジです。例えば、スナップフィットのクリック感や意匠性の良否などは、数値にすることが難しく、感覚に頼っている面が大きいといえます。したがって、これらは典型的な暗黙知に分類することができます。形式知は客観的なもので言語化、文書化されたナレッジです。例えば、設計基準書や図面などは文書化され、誰が見ても同じように理解できることから、代表的な形式知だということができます。

POINT 2　暗黙知と形式知の関係（SECIモデル）

　暗黙知は技術伝承が容易ではないため、形式知に変換しなければならないといわれることがあります。形式知にすべきものが暗黙知のままであると、それはよくないことですが、すべてのナレッジを形式知にすることはできません。むしろ、暗黙知と形式知がうまく相互作用を起こし、さらなるよいナレッジを生み出す仕組みを作ることが重要です。それをうまく説明したものがSECIモデルです。ナレッジは表出化、連結化、内面化、共同化を通して、スパイラル状によくなっていくという考え方です。これを設計業務に当てはめて考えてみましょう。暗黙知を**表出化**して形式知に変換するためには、それを促す仕組みが必要です。設計根拠がなかなか蓄積できないという企業が多いですが、設計者に設計根拠を残すように指示すれば残るかというとそんなことはありません。設計根拠を文書として残さないと、次のステップに移行できないような仕組みが必要です。形式知と形式知が**連結化**し、さらによい形式知を生み出すためには、蓄積した形式知を共有し、欲しいナレッジに容易にアクセスできるシステムが必要です。他人が蓄積した形式知を追体験し、新しい暗黙知を生み出すには**内面化**のプロセスを経る。内面化のためには設計者にじっくりと検討させる時間を与える必要があります。さらに、技術者同士の暗黙知を共有することによって（**共同化**）、さらなる優れた暗黙知を生み出すことができます。そのためには、デザインレビューのように技術者同士が議論できる場を提供します。このような仕組みをしっかり構築することが、価値の高い設計資産を生み出す重要なポイントといえるでしょう。

1）素材の変形を利用して部品同士を接合する機構。リュックサックのバックルやリモコンの電池交換時に使うフタなどで利用されている。
2）野中郁次郎、竹内弘高、梅本勝博　「知識創造企業」（東洋経済新報社）を参考に筆者作成

Point 1 設計プロセス

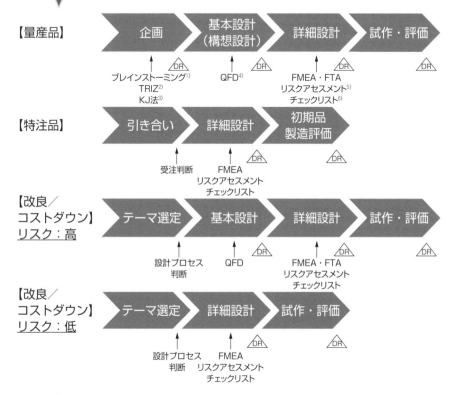

【量産品】

企画 → 基本設計（構想設計） → 詳細設計 → 試作・評価

ブレインストーミング[1]
TRIZ[2]
KJ法[3]
　　　　QFD[4]
FMEA・FTA
リスクアセスメント[5]
チェックリスト[6]

【特注品】

引き合い → 詳細設計 → 初期品製造評価

受注判断
FMEA
リスクアセスメント
チェックリスト

【改良／コストダウン】リスク：高

テーマ選定 → 基本設計 → 詳細設計 → 試作・評価

設計プロセス判断
QFD
FMEA・FTA
リスクアセスメント
チェックリスト

【改良／コストダウン】リスク：低

テーマ選定 → 詳細設計 → 試作・評価

設計プロセス判断
FMEA
リスクアセスメント
チェックリスト

Point 2 設計プロセス明確化のメリット

☑ 設計者のエラーを防止できる。
☑ 暗黙知⇒形式知の転換を促進できる。
☑ 設計の精度を上げることができる。
☑ 様々な状況下でも品質を安定させることができる。
☑ 同じことを繰り返せばうまくなる。

Point 1　設計プロセス

　P20で解説したように、設計は機能⇒性能⇒詳細仕様という順番で進めていきます。その順番に沿って設計が進められるようにし、各段階で適切なチェックとレビュー、承認を実施するための設計の仕組みが設計プロセスです。図に設計プロセスの例を示します。設計プロセスは製品や業界などによって様々です。同じ製品でも量産品と特注品、改良、コストダウンではそれぞれ設計プロセスを変えることが普通です。また、同じようなテーマでも、想定されるリスクによって、設計プロセスを厚くしたり、省略したりすることも一般に行われています。量産型の製品を例に考えてみましょう。一般に量産品は企画から基本設計（構想設計）、詳細設計、試作・評価の順に設計を進め、それぞれの段階ごとにデザインレビュー（DR）を実施します。DRについてはP98で詳しく解説します。設計プロセスのどの段階で、どのようなツールや手法を使うかも明確にします。製造では「品質は工程（プロセス）で作り込む」とよくいわれますが、設計も同じです。設計品質は設計プロセスで作り込まなければなりません。

Point 2　設計プロセス明確化のメリット

　設計プロセスを明確化することにどのようなメリットがあるのかを整理します。まず、各設計段階で要求事項を満たせる設計になっているかを確実にチェック、レビュー、承認することができます。これらが完了しないと次のプロセスに進めないからです。これにより設計者のエラーを防止できます。チェックやレビュー、承認をするためには、設計内容を他者に伝えるための各種設計資料が必要です。設計者は大変ですが、設計を進めるだけで暗黙知⇒形式知への転換を促進することができます。また、設計内容について設計者はわかっているつもりでも、文書でうまく説明できないということがよくあります。これは、実はなぜそのような設計にするのかを自分自身がよく理解していないという状況が多いのです。したがって、設計者が文書にまとめることにより、設計の精度はより高まっていくことになります。また、業務が重なり焦っているときでも、設計プロセスが品質の安定化に役立ちます。不正のトライアングルを考えると、その機会を奪えば、品質不正は難しくなるからです。最後に、人は同じことを繰り返せばどんどんうまくなります。設計プロセスを明確にし、いつも同じような方法で設計を進めていけば、それだけ早く上達します。

1）〜3）付録1-No. 7、35「ブレインストーミング」「TRIZ」「KJ法」参照
4）P102　QFD参照
5）P110　リスクアセスメント参照
6）P76　チェックリスト参照

設計の仕組み
─④設計プロセス(2)

> **POINT 1　典型的な設計プロセスの問題**

主に大企業に見られる問題

企画 ▶ 基本設計（構想設計）▶ 詳細設計 ▶ 試作・評価

FMEA① / 図面検討会 / FTA / FMEA② / 製造性評価 / リスクアセスメント / ユーザビリティ評価 / 製品安全審査 / 法規制審査 / 金型審査 / 設計部設計審査 / 事業部設計審査 / 全社設計審査

> 設計者の疲弊
> 全体像を誰も理解できない

・複雑、重厚、重複が多い
・管理者が管理するための設計プロセス

主に中小・スタートアップ企業に見られる問題

企画 ▶ 基本設計（構想設計）▶ 詳細設計 ▶ 試作・評価

作図 ──────── 社長に説明

> 設計資産を構築できない
> 同じような失敗を繰り返す

・不明確・あいまいな設計プロセス
・設計プロセスの重要性を理解していない

> **POINT 2　設計プロセスはMECEで構築する**

MECE（ミーシー／ミッシー）

漏れなく、ダブりなく（Mutually Exclusive and Collectively Exhaustive）
設計プロセスは MECE で構築することが重要。

MECE
（漏れ・ダブりなし）

MECEではない
（漏れあり・ダブりなし）

MECEではない
（漏れあり・ダブりあり）

MECEな設計プロセス	・設計がすべて「チェック」されている。 ・設計のうち必要なものがすべて「レビュー」「承認」されている。 ・設計業務に不要な重複や抜け漏れがない。

Point 1 典型的な設計プロセスの問題

　どのような形であれ、設計部門は何らかの決められた設計プロセスを持っていることが普通です。明確な設計プロセスさえあれば品質が確保できるかというと、そういうわけではありません。多くの企業が設計プロセスに問題を抱えています。その問題は大きく 2 つにわけられます。主に大企業や歴史の長い製品を持つ企業で見られるのが、複雑、重厚、重複の多い設計プロセスです。このような企業は設計プロセスの重要性はしっかりと認識しています。しかし、長い再発防止活動の歴史の中で、非常に多くの審査会や設計ツールなどが導入されてきました。また、品質問題が発生したときに、管理者が何とかその場を切り抜けるために、管理をするためだけの設計プロセスが作られました。そのため、もはや全体像が誰にもわからないような複雑な設計プロセスになり、設計者の疲弊を招いています。一方、主に中小企業やスタートアップ企業に多いのが、それとは全く反対の状況です。不明確、あいまいな設計プロセスになっており、プロジェクトのたびにやることが変わります。また、設計プロセスの重要性を誰も理解できておらず、設計資産が構築できません。同じような品質問題が繰り返し発生しています。

　どのような設計プロセスがよいかについて、正解はありません。規模の小さな設計部門が巨大企業の真似をしてもうまくいきませんし、品質問題が発生したときの影響の大きさによっても、やるべきことは違います。自部門の状況に合わせて、よりよい設計プロセスを目指して改善を繰り返していく必要があります。

Point 2 設計プロセスは MECE で構築する

　設計プロセスを構築する際に重要なことは、MECE（ミーシー／ミッシー）という考え方です。MECE とは設計用語ではありませんが、「漏れなく、ダブりなく」という意味があります。設計プロセスは MECE で構築しなければなりません。まず、やるべきことを「漏れなく」設計プロセスに組込みます。例えば、設計の「チェック」「レビュー」「承認」です。これが漏れると、品質問題発生の原因になります。一方、同じようなチェックリストが複数あるなど、設計プロセスに「ダブり」が出てしまうことがあります。「ダブり」はそもそも無駄ですし、設計者のモチベーション低下にも直結します。「ダブり」に気づいたら、すぐに改善することが大切です。

2-10 設計の仕組み ——⑤マネジメント

PoinT 1 マネジメント

マネジメント

「組織を指揮し、管理するための調整された活動[1)]」

マネジメントの例	定義	出所
品質マネジメント	「品質に関するマネジメント」	JIS Q9000
プロジェクト マネジメント	「プロジェクトの目標を達成するために、プロジェクトの全側面を計画し、組織し、監視し、管理し、報告すること、及びプロジェクトに参画する人々全員への動機付けを行うこと」	JIS Q9000
リスク マネジメント	「リスクについて、組織を指揮統制するための調整された活動」	JIS Q0073
アセット[2)] マネジメント	「アセットからの価値を実現化する調整された活動」	JIS Q55000
サプライチェーン マネジメント	「複数の企業間で、開発、生産及び流通に関わる全てのプロセスを効率的にマネジメントする取組み」	JIS B3000

(JIS 掲載の「○○マネジメント」の例)

PoinT 2 品質向上実現のためのマネジメント

プロジェクト毎のマネジメント

新製品A

企画 → 基本設計（構想設計） → 詳細設計 → 試作・評価

製品Bの改良

テーマ選定 → 詳細設計 → 試作・評価

品質方針　品質目標　再発防止活動　未然防止活動　人材育成　設計資産　設計プロセス　根本原因分析

設計の仕組みのマネジメント

Point 1　マネジメント

　品質向上のために必要な５つのポイントの最後がマネジメントです。マネジメントとは「組織を指揮し、管理するための調整された活動」と定義されています。組織やプロジェクトの方針や目標を定め、必要な経営資源を活用しつつ、目標達成に向けて行う活動のことです。組織には様々な目標がありますので、多くのマネジメントが必要になります。図に JIS に掲載されている「○○マネジメント」という用語をいくつか抜粋しています。組織におけるあらゆる業務がマネジメントを必要としていることがわかります。本書全体が設計品質を向上させるために必要なマネジメントについて述べている、と考えることもできます。

Point 2　品質向上実現のためのマネジメント

　マネジメントすべき設計業務は多岐に渡りますが、設計品質向上に目的を絞ると図のように２つにわけて考えることができます。１つは個別のプロジェクト毎のマネジメントです。一般に設計部門では大小様々なプロジェクトが同時に進められています。例えば新製品の立ち上げや品質改善、コストダウンなどです。それらのスケジュールや人材などをマネジメントし、プロジェクトの目標達成を目指します。プロジェクトの体制は企業や製品などによって様々で、各部署単位の場合もあれば、組織横断の大きな体制になることもあります。もう１つが設計の仕組みのマネジメントです。人材育成や設計資産などの設計の仕組みは放置しているだけで勝手によくなることはありません。個別プロジェクトのマネジメント同様に、目指すべき目標を立て、仕組み構築者を適切に配置しなければなりません。また、設計の仕組みは設計部門だけで行うのではなく、品質部門や技術部門などとも連携することが必要になります。

１）JIS Q9000：2015「品質マネジメントシステム─基本及び用語」
２）組織にとって価値を持つもの。設計資産も含まれる。

設計根拠をどう残すか？

A社は設計業務の多くが設計者個人に委ねられており、設計根拠を残す文化がない。このことを社長は心配しており、設計根拠を文書で残すように設計者に依頼している。しかし、多忙を理由に断られることが多く、うまくいっていない状況である。本書の内容のすべてをいきなり導入することは現実的ではない中、どのようなことができるか検討せよ。

《解説》

　このような企業はとても多いです。優秀な設計者がいれば設計根拠を残さなくても何とかなっているため、なかなか仕事のやり方を変えることができないのです。問題はその設計者が退職した場合です。品質問題が起きても、なぜそのような設計になっているかわかりません。新製品を設計する際にも、これまでの蓄積がありませんから、ほとんどゼロからのスタートになってしまいます。そのような状況になる前に手を打たなければなりません。企業によって状況は様々ですし、いろいろなやり方があると思いますが、以下の3つを提案します。

①設計資料を共有する

　私の経験上、このような状況の企業は、設計資料を個人のパソコンで管理していることが多いです。個人で管理をしているということは、設計資産という考え方が社内に浸透していないことの現れだと考えます。設計根拠を残す1つの方法として、設計資料を共有しましょう。今まで個人で持っていた設計資料を設計部門内で共有するというのは抵抗があるかもしれません。しかし、他の設計者が作った資料や計算式なども使えるのですから、設計者自身にもメリットがあります。グループウェアやクラウドサービスなどを利用すればデータ消失のリスクを低減できますし、キーワード検索などにより効率的に情報を見つけることもできます。テレワークでももちろん活用できます。グループウェアやクラウドサービスを利用するだけなので、それほど手間やコストもかからず、手始めにやる活動としては非常によいのではないかと考えます。

②発売後の設計変更情報を資料に残す

　これも私の経験からですが、新設計時に設計根拠を残していない企業は、発売後に何らかの設計変更があった際にも、その関連情報を残していないことが多いです。設計変更をしたということは、何らかの問題があったはずなので、その関

連情報を文書として残します。新設計の際は納期に追われ、資料を作る時間がなかなか取れなかったかもしれません。設計変更時は残すべき情報の量が少なく、時間的にも多少余裕があるはずです。

③再発防止活動で設計根拠を残す

　いきなり本書の活動をすべてやるのは難しいため、再発防止活動から始めるのが一番よいと考えます。再発防止活動にはP54で解説するように、問題解決と根本原因への対応があります。まず、問題解決のプロセスを通して、設計根拠を残すことから始めます。品質問題が発生しているのですから、設計根拠を残すことに消極的な設計者も、ある程度協力せざるを得ないと考えるはずです。問題解決を実行する中で様々なナレッジを獲得できます。それらの中には設計根拠につながる情報も当然含まれます。それらをしっかり文書にまとめ、設計部門で共有できるようにします。

　次に余裕があれば、重要な品質問題に対して根本原因分析を行います。設計の仕組みがない企業は、それらの必要性を誰も理解していないことが背景にあります。根本原因分析において、品質問題が起きた原因を深掘りしていくと、ほとんどの場合、P34で述べた５つのポイントのどれかに突き当たります。設計者やその他のメンバーが「ああ、やはり設計根拠を残すことは大事だな」と思うようになれば、しめたものです。「馬を水飲み場に連れていくことはできるが、水を飲ませることはできない[1]」という海外のことわざがあります。いくら設計資産が大事だといっても、設計者自身がそれを心から納得しない限りは、うまくいかないということです。

1）"You can lead a horse to water, but you can't make it drink."

規格制定による業務効率化

　会社員時代、建築会社から公共トイレの器具配置について、問い合わせを受けることがありました。トイレブースの壁面には紙巻器や便器洗浄ボタンなど様々な器具が取付けられます。それらをどう配置するかは、使用者の使い勝手を考慮する上で非常に重要です。当時、緊急用の呼出しボタンが公共トイレに設置され始めたころだったように記憶しています。呼出しボタンをその他の器具を含めて、どう設置するのが正しいのか建築会社の設計者は困っていたようでした。問い合わせを受けた私は、いろいろ調べてはみるものの、明確な回答ができませんでした。なぜなら、器具配置の組合わせはいくらでも存在するため、何が一番よいのか自分でもよくわからなかったからです。

　2007年に公共トイレの設計指針を定めたJIS[1]が制定され、呼出しボタンを含めた器具配置が規格化されました。以降は同様の問い合わせを受けても、「JISに規格がありますよ」といえば、それで完了するようになりました。また、JISの存在が知られるようになってからは、そのような問い合わせ自体がほとんどなくなりました。この規格は使用者の使い勝手を向上させるために作られたものではありますが、設計者側にとっても業務効率の向上という形で非常に大きなメリットになりました。規格を定める作業は非常に大変ですが、設計効率の向上につながることがわかるよい事例といえます。

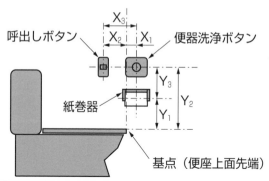

器具の種類	便器上面先端（基点）からの水平距離	便器上面先端（基点）からの垂直距離	二つの器具間距離
紙巻器	X_1：便器前方へ 約0～100	Y_1：便器上方へ 約150～400	―
便器洗浄ボタン		Y_2：便器上方へ 約400～550	Y_3：約100～200 （紙巻器との垂直距離）
呼出しボタン	X_2：便器後方へ 約100～200		X_3：約200～300 （便器洗浄ボタンとの水平距離）

1）JIS S0026：2007 「高齢者・障害者配慮設計指針―公共トイレにおける便房内操作部の形状、色、配置及び器具の配置」

第 3 章

品質問題の再発を防ぐ!
(再発防止活動)

POINT 1 再発防止活動とは

再発防止活動

問題の発生を起点とした品質向上の取組み。大きく2つの活動がある。
①発生した問題の解決（主に直接原因への対応）
②再発を防ぐ設計の仕組みの構築（主に根本原因への対応）

椅子脚破損！

①発生した問題の解決

主に直接原因への対応

＜対応例＞
・問題を起こした製品の顧客に対する個別対応[1]
（例：製品の交換／補償）
↓
・直接原因を分析し、同一製品に対応する
（例：肉厚UPによる強度向上）
↓
・市場に出荷した製品の評価
（例：リスクアセスメントによるリコール判断）
↓
・類似製品で問題が生じる可能性があれば対応
（例：材料変更による強度UP）

②再発を防ぐ設計の仕組みの構築

＜対応例＞
・根本原因を分析し、設計の仕組みを改善
（例：椅子脚強度設計基準の見直し）

主に根本原因への対応

Point 1　再発防止活動とは

　P32 で解説したように、品質向上への取組みの柱は再発防止活動と未然防止活動の２つです。本章ではこの中の再発防止活動について詳しく見ていきます。再発防止活動は問題の発生を起点とした品質向上の取組みで、大きくわけると２つの活動があります。１つ目が発生した問題の解決です。主に直接原因への対応を実施します（P58で詳しく解説）。実際の対応は製品や不具合の内容などによって異なりますが、椅子脚が破損するという品質問題を例に考えてみましょう。まず、問題を起こした製品の顧客に対して個別対応を行います。製品の交換をしたり、何らかの被害があればその補償をしたりします。次にその問題が起きた直接原因を分析し、今後出荷する同一製品で同じ問題が起きないように対策を打ちます。強度不足によって起きたのであれば、肉厚 UP による強度向上などが対策となるでしょう。さらに市場に出荷済の製品への対応を検討します。怪我などのおそれがある場合は、リスクアセスメントを実施し、リコール要否を判断する必要があります。また、類似製品で同様の問題が生じる可能性があれば、その対策も実施します。

　２つ目の活動が再発を防ぐ設計の仕組みの構築です。主に根本原因への対応を実施します（P60で詳しく解説）。直接原因の対策が完了すれば、その問題自体は起きなくなると考えることができます。しかし、その直接原因が生じた設計の仕組み上の問題を解決しない限り、表面上の事象としては違うものの、根本のところでは同じような品質問題が起きてしまいます。したがって、品質向上を本気で実現したいのであれば、この根本原因への対応が非常に重要になります。

　しかし、根本原因への対応はなかなか進められない企業が多いのが実情です。直接原因の対策は、実際に品質問題が発生し、対策費用としてお金が流出しています。信用問題にもつながることから、組織の最優先課題として設定されます。そのため、他の仕事を止めてでも対策を打つことになります。したがって、直接原因の対策がうまく進まないという話はあまり聞きません。一方、根本原因への対策は、しばらく放置したとしても、すぐに問題が発生するというわけではありません。他にもたくさんの課題がありますので、どうしても後回しになりがちです。品質を向上させたいのであれば、優先順位を上げて、根本原因の対策を進めていくことが必要です。根本原因の対策について、設計者が片手間でやっていることもありますが、それではうまくいきません。仕組み構築者が中心となって、しっかりと取組むことが重要です。

1）重大事故の場合は行政への報告義務がある（消費生活用製品安全法など）

3-2 直接原因と根本原因

Point 1 直接原因

直接原因

品質問題が生じる直接的なメカニズムのこと（故障[1]メカニズム）

椅子脚破損！

> 故障メカニズムは単純な場合も複雑な場合もある。

＜直接原因の例＞
高湿下で使用したことにより椅子脚の強度が低下した。
↓
体重の大きな使用者が何度か勢いよく座った。
↓
椅子脚と座面の固定ネジが緩んだ。
↓
1つの椅子脚に大きな荷重がかかり椅子脚が破損した。

Point 2 根本原因

根本原因

直接原因が生じた背後にある組織上の原因。
設計においては設計の仕組み上の原因。

＜根本原因の例＞

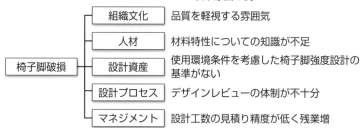

椅子脚破損	組織文化	品質を軽視する雰囲気
	人材	材料特性についての知識が不足
	設計資産	使用環境条件を考慮した椅子脚強度設計の基準がない
	設計プロセス	デザインレビューの体制が不十分
	マネジメント	設計工数の見積り精度が低く残業増

Point 1 直接原因

直接原因は品質問題が生じる直接的なメカニズムのことです。故障メカニズム

といういい方も可能です。故障とは「アイテムが要求どおりに実行する能力を失うこと」、故障メカニズムとは「故障に至るプロセス」とそれぞれ定義されています。つまり、製品が故障している状態は、製品に対する要求事項を満たしていないことになります。当たり前品質のように、要求を満たしていないときに大きな不満を感じるような特性の場合、製品が故障すると品質問題に発展しやすいといえます。椅子脚が破損した例で引き続き考えます。椅子脚強度が高湿下で低下、体重の大きな使用者が勢いよく椅子に座ったなどのプロセスが直接原因（故障メカニズム）です。直接原因はたった１つの部品に原因があるような単純な場合もあれば、複数の部品同士の影響や使用環境条件、製品の使われ方などが複雑に関連し合う場合もあります。直接原因の対策については次項で詳しく解説します。

Point 2　根本原因

　根本原因は直接原因が生じた背後にある組織上の原因です。設計においては設計の仕組み上の原因であることがほとんどです。５つのポイントに沿って椅子脚が破損した根本原因の例を考えてみます。

〈組織文化〉
・組織内にコストを優先し品質を軽視する雰囲気があった。本来はもっと椅子脚強度について詳細な検証をするべきだったのに、さらなるコストダウンに設計工数を割いた。

〈人材〉
・木質材料の特性に詳しい人材が数年前に退職した。計画的に人材育成を行っておらず、現在、木質材料に詳しい設計者がいない状態となっている。

〈設計資産〉
・湿度や温度などの使用環境条件の違いを考慮した椅子脚強度設計の基準がない。

〈設計プロセス〉
・旧型品から木質材料を変更した。その変更点についてデザインレビューで議論する体制がなく、誰も問題を発見することができなかった。

〈マネジメント〉
・本製品の設計に想定をはるかに超える工数が必要だった。そのため設計者の残業が急増し、時間的にも心理的にも余裕がなくなってしまった。

　このように直接原因が生じた背後にある設計の仕組み上の原因を考えていきます。根本原因の対策については P60 で詳しく解説します。

1）付録1–No. 16「故障」参照

3-3 直接原因の対策

Point 1 直接原因の対策

①対策要否判断（優先順位明確化）

<判断基準の例>
・拡大被害が生じたもの
・拡大被害が生じる可能性があるもの
・発生頻度が規定以上のもの
・ワイブル解析[1]等により、不具合件数の増加が予想されるもの
・経験上、イヤな予感がする不具合内容だったもの（意外と重要）

> 品質方針、品質目標に照らし合わせて、対策要否を検討

②直接原因の分析（各種ツールの活用）

> 使いやすいツールを活用すればOK

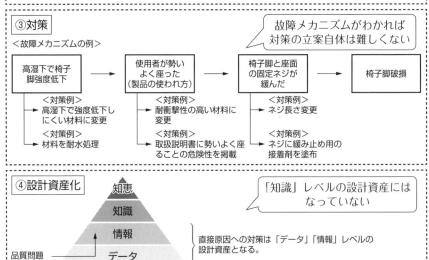

5M1E	例
Man（人）	使用者が過度に荷重をかけた
Machine（機械）	切削加工時にクラックが入った
Material（材料）	吸水して材料特性が変化した
Method（方法）	強度評価手法が誤っていた
Measurement（計測）	寸法測定の方法が明確に決まっていなかった
Environment（環境）	湿度の高い環境で使用した

FTA（P106）　　　　5M1E（付録2-No.6）

<その他のツールの例>
・5W1H（付録2-No.5）
・製品の使われ方（付録2-No.7）
・特性要因図（付録2-No.10 ）
・ストレス（付録2-No.8）
・リスクアセスメント（P110）

③対策

> 故障メカニズムがわかれば対策の立案自体は難しくない

<故障メカニズムの例>

高湿下で椅子脚強度低下 → 使用者が勢いよく座った（製品の使われ方）→ 椅子脚と座面の固定ネジが緩んだ → 椅子脚破損

<対策例>
→ 高湿下で強度低下しにくい材料に変更

<対策例>
→ 材料を耐水処理

<対策例>
→ 耐衝撃性の高い材料に変更

<対策例>
→ 取扱説明書に勢いよく座ることの危険性を掲載

<対策例>
→ ネジ長さ変更

<対策例>
→ ネジに緩み止め用の接着剤を塗布

④設計資産化

> 「知識」レベルの設計資産にはなっていない

知恵
知識
情報
データ

品質問題
直接原因への対策

直接原因への対策は「データ」「情報」レベルの設計資産となる。

Point 1　直接原因の対策

直接原因の対策フローを図に示します。

〈①対策要否判断〉

　品質問題は全くないことが理想ですが、現実には同時に複数発生することがあります。また、軽微で影響が小さいケースもあることから、すべてを同じように対策することは現実的ではありません。そこですべての品質問題情報を収集した上で、対策の要否および優先順位を決定します。判断基準は自社の品質方針や品質目標に照らし合わせて、例に示すような定量的な基準を事前に決めておきます。また、基準を満たしていなくても、故障の状況にイヤな予感がする場合は、社内で議論した上で優先順位を上げることも大切です。その分野で知識を持つ人材の勘は意外と重要なのです。

〈②直接原因の分析〉

　知りたいことは詳細な故障メカニズムです。故障メカニズムがわかれば対策を打つことができるからです。故障メカニズムは原因を抜け漏れなく、論理的に抽出することが重要です。例に示すように様々なツールがありますので、使いやすいものを活用すればよいでしょう。

〈③対策〉

　故障メカニズムがわかれば、それが起きないように対策を打ちます。その製品に普段関わっている設計者・技術者であれば、対策の立案自体はそれほど難しいものではないでしょう。

〈④設計資産化〉

　直接原因の対策を行うと、評価試験のデータや各種ツールにおける分析結果など様々なナレッジが入手できます。これらは知のピラミッドでいうと、「データ」「情報」に該当するナレッジになります。付加価値の高い設計資産ではありますが、「知識」レベルのナレッジにはなっていません。なぜなら、直接原因の対策だけでは設計者の行為を変えることはできないからです。次項の根本原因分析を行い、設計の仕組みにメスを入れることにより、ナレッジは「情報」⇒「知識」へと高度化されます。

1）付録 2–No. 4「ワイブル解析」参照

3-4 根本原因の対策

◀ PoɪɴT 1 根本原因の対策

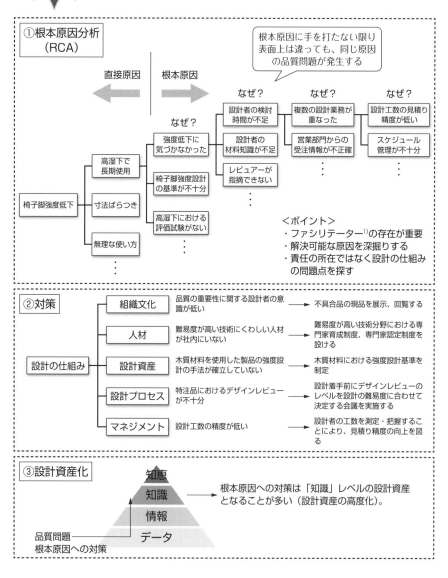

①根本原因分析
（RCA）

根本原因に手を打たない限り
表面上は違っても、同じ原因
の品質問題が発生する

直接原因 ← | → 根本原因

なぜ？ なぜ？ なぜ？

| | | | 設計者の検討
時間が不足 | 複数の設計業務が
重なった | 設計工数の見積り
精度が低い |

なぜ？

椅子脚強度低下 ← 高湿下で
長期使用 ← 強度低下に
気づかなかった

設計者の
材料知識が不足 ← 営業部門からの
受注情報が不正確 / スケジュール
管理が不十分

椅子脚強度設計
の基準が不十分 ← レビュアーが
指摘できない

寸法ばらつき

高湿下における
評価試験がない

無理な使い方

＜ポイント＞
・ファシリテーター[1)]の存在が重要
・解決可能な原因を深掘りする
・責任の所在ではなく設計の仕組み
　の問題点を探す

②対策

設計の仕組み

組織文化	品質の重要性に関する設計者の意識が低い	→	不具合品の現品を展示、回覧する
人材	難易度が高い技術にくわしい人材が社内にいない	→	難易度が高い技術分野における専門家育成制度、専門家認定制度を設ける
設計資産	木質材料を使用した製品の強度設計の手法が確立していない	→	木質材料における強度設計基準を制定
設計プロセス	特注品におけるデザインレビューが不十分	→	設計着手前にデザインレビューのレベルを設計の難易度に合わせて決定する会議を実施する
マネジメント	設計工数の精度が低い	→	設計者の工数を測定・把握することにより、見積り精度の向上を図る

③設計資産化

知恵
知識
情報
データ

根本原因への対策は「知識」レベルの設計資産
となることが多い（設計資産の高度化）。

品質問題
根本原因への対策

60

Point 1 　根本原因の対策

　直接原因の対策を行った品質問題について、根本原因の対策を実施します。

〈①根本原因分析（RCA）〉

　根本原因の分析は、なぜを何度も繰り返しながら検討する「なぜなぜ分析」を使うことが一般的です。根本原因分析を英語でいうと、Root Cause Analysis なので頭文字を取って RCA とも呼ばれます。椅子脚破損の直接原因の1つが椅子脚強度の低下だとします。「なぜ、椅子脚強度が低下したのか⇒高湿下で長期使用したから」これが直接原因の1つです。高湿下で長期使用した場合に強度が低下することを把握し、その対策を打っていれば、品質問題にはならなかったはずです。そこで、「なぜ高湿下で強度が低下することに気づかなかったのか⇒設計者の検討時間が不足⇒なぜ時間が不足したのか⇒複数の業務が重なり多忙だった⇒なぜ業務が重なったのか⇒設計工数の見積り精度が低いから」このように深掘りしていきます。設計工数の見積り精度が低いという状況を放置すると、強度の問題だけではなく、様々な問題が形を変えて発生してしまうことがわかると思います。

　根本原因は1つとは限らないため、議論が発散してしまうことがあります。議論をうまく導くファシリテーターの存在が重要です。根本原因の中には、経営者の性格などのように解決できないものが出てくることがありますが、解決可能な原因に焦点を当てます。また、責任の所在を探してしまうと、誰も本当のことをいわなくなるので注意が必要です。

〈②対策〉

　根本原因分析を進めていくと、ほとんどの場合、設計の仕組みに原因があることがわかります。たくさん抽出された原因の中で、重要なものを特定し対策を打ちます。P55で述べたように、根本原因対策はどうしても後回しになってしまいがちです。また、担当者レベルでは対応が難しいような解決策が必要になることも少なくありません。マネージャーが優先順位をしっかりコントロールし、仕組み構築者が中心となって推進していく必要があります。

〈③設計資産化〉

　根本原因の対策は設計ルール制定やデザインレビュー方法の改善など、設計者に一定の行為を促すものになります。したがって、知のピラミッドでいうと「知識」レベルになることが多いといえます。このように設計資産を高度化し、ナレッジが「知識」となることにより、再発防止の能力が高まっていきます。

1）付録1–No. 6「ファシリテーター」参照

3-5 設計ルール①

Point 1 設計ルール

設計ルール

設計時に守るべき基準や手順、方法などのこと

設計基準の例

「製品Aに使用するねじはトラスタッピンねじ φ3.5×10とする」

CAE[1]実施手順の例

「CAEスキル認定試験に合格していない設計者は、以下の手順で構造解析を実施すること。」

①境界条件確認書作成
②CAEスキル認定者のチェック
③構造解析実施
④同認定者のチェック

Point 2 設計ルール作成のポイント

☑ メリット・デメリットを理解して作成する
☑ 必要な情報を残す
☑ 組織階層毎に仕組み構築者を配置する
☑ 承認権限者が必ず承認する
☑ 再発防止の効果と自由度のバランスを考える

Point 1　設計ルール

　再発防止活動において根本原因分析を実施していくと、その対策は様々な基準や手順、方法の作成になることが多いといえます。本書ではこれらを設計ルールと呼ぶことにします。設計ルールを作ることにより、様々な場面で品質問題を防ぐことができます。例えば、自社工場内でねじの種類が複数あり、ピッキングを間違えてしまったという品質問題の対策を考えます。設計側の対策として次のような設計基準の導入が考えられます。「製品Aにおいてタッピンねじを使用する際は、トラスタッピンねじ Φ3.5×10 を使用すること」これでピッキングミスを防ぐことができます。また、CAE（構造解析）に不慣れな設計者が境界条件の設定を誤り品質問題が発生したとします。その対策として次のようなCAE実施手順のルール化が考えられます。「CAEスキル認定試験に合格していない設計者は、以下の手順で構造解析を実施すること。①境界条件確認書作成⇒②CAEスキル認定者のチェック⇒③構造解析実施⇒④同認定者のチェック」これでスキルの低い設計者のミスを大きく減らすことができます。

Point 2　設計ルール作成のポイント

　設計ルールは間違いなく品質問題の削減に大きな効果があります。そのため、多くの設計部門で大量の設計ルールが生まれることになります。しかし、深く考えずに設計ルールを作ってしまうと、設計部門のパフォーマンスに大きな影響を及ぼします。設計ルールを作成する際には、その考え方についてしっかりと理解しておく必要があります。設計ルールの作成方法は、それだけで1冊の書籍になるぐらい奥が深いものです。企業を取り巻く状況によってルールの作り方は異なりますし、製品のどの部分のルールを作るかによってもやり方は変わるはずです。唯一の正解というものはありません。仕組み構築者が中心となり、品質の向上を図りつつ、自社の競争力が高まるような設計ルール作りが必要となります。設計ルールを作成する際には、図に示すようないくつかのポイントがあります。次項からこれらについて順番に解説していきます。

1）付録1-No. 25「CAE」参照

POINT 1　設計ルールのメリット・デメリット

メリットの例	・再発防止に効果を発揮する。 ・設計者のスキルに関わらず品質問題を減らせる。 ・仕様検討の時間を減らせる。 ・レビューや承認の効率が上がる。
デメリットの例	・設計者が創意工夫しなくなる。 ・ルールがないと設計できない設計者が増える。 ・ルールの制約により画期的な性能向上が難しくなる。 ・上記により最終的に競争力が低下する

POINT 2　必要な情報を残す

関連情報	内容
背景・目的	なぜこのルールが作成されたのか。 「品質問題⇒直接原因⇒根本原因⇒設計ルール」に関する一連の情報
ルールの技術的根拠	なぜこのルール内容としたのかの技術的根拠。これがないと将来ルールを変更するときに大変になる
変更履歴	何のために、何を、どのように変更したのかに関する一連の情報

Point 1　設計ルールのメリット・デメリット

　あらゆることにいえることですが、設計ルールにもメリットとデメリットがあります。まず、メリットから見ていきます。設計ルールは根本原因分析を経て、その対策として議論しながら作成したはずです。したがって、再発防止に何らかの効果が期待できるのは間違いありません。設計ルールがあることにより、スキル不足の設計者でも品質問題を起こすことなく設計できるようになります。また、設計ルールが決まっていれば、細かな仕様検討が不要となるため、設計者の検討時間を減らすことができます。さらに設計内容のレビューや承認も設計ルールがあれば短時間で終わります。このように非常にたくさんのメリットがあるため、多くの企業でたくさんの設計ルールが作られています。

　一方、設計ルールには様々なデメリットがあります。まず、設計ルールがあると設計者の裁量でできることが減るため、創意工夫をしなくなる設計者が出てきます。設計者の創意工夫は企業の競争力の源泉でもあるので、長期的に大きな問題になる可能性があります。設計ルールの存在が当たり前の状況で設計を続けていると、設計ルールがないと何もできない設計者が増えてきます。また、競合他社と激しく争っている性能に関して設計ルールで制約を課してしまうと、画期的な性能向上が見込めなくなる可能性があります。自分たちが作った設計ルールが足かせになってしまうのです。これらの結果として企業の競争力が低下してしまうことが設計ルールの大きなデメリットです。

Point 2　必要な情報を残す

　設計ルールの作成、変更などの際には、必ず関連情報を残しておくことが重要です。作成から長い時間が経過し、誰も目的がわからない設計ルールが存在するという話をよく聞きます。なぜ、このルールが作成されたのかわかるように、品質問題⇒直接原因⇒根本原因⇒設計ルール作成という一連の情報を残しておきましょう。設計ルールの目的自体はわかるものの、その技術的根拠がわからず、変更することが難しいという状況もよくあります。設計ルールの背景・目的、技術的根拠は、将来のために必ず文書として残しておきます。また、設計ルールは何度も変更することが普通です。何のために、何を、どのように変更したのかの一連の情報を文書として保存しておきましょう。

3-7 設計ルール③

POINT 1 設計ルールと仕組み構築者

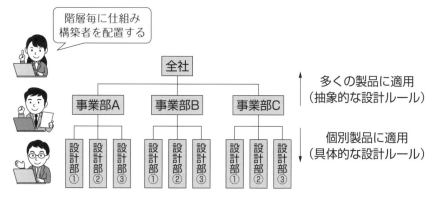

階層毎に仕組み構築者を配置する

全社

事業部A　事業部B　事業部C

設計部①　設計部②　設計部③　設計部①　設計部②　設計部③　設計部①　設計部②　設計部③

多くの製品に適用（抽象的な設計ルール）

個別製品に適用（具体的な設計ルール）

〈抽象的な設計ルールの例〉
「詳細設計時にリクスアセスメント[1)]を実施し、R–Map[2)]で C 領域となるようにすること」

〈具体的な設計ルールの例〉
「製品 A のネジはピッキングミスを防止するためトラスタッピンネジ Φ3.5×10 とすること」

POINT 2 設計ルールと承認者

対象		承認者の例
全社レベル		全社品質保証部長
事業部レベル		事業部長／品質保証部長
部・課レベル	高リスクの安全性判断	事業部長／品質保証部長
	低リスクの安全性判断	設計部長／品質保証課長
	上記以外	設計課長

Point 1　設計ルールと仕組み構築者

　設計ルールを作成するには、かなりの負荷がかかります。仕組み構築者が中心となり、品質を向上させ、競争力も削がないような設計ルールを作る必要があります。企業の規模によりますが、複数の設計部門がある場合は、仕組み構築者を階層毎にわけて配置した方がよいでしょう。すべての部門で通用するような設計ルールを作ることは現実的には不可能です。図に示すように組織全体に通用するルールは抽象的、特定の部署や製品だけに通用するルールは具体的になります。全体を見る仕組み構築者が、製品ごとの具体的な設計ルールを作ることは困難です。また、設計ルールの変更は、そのルールが適用される部署が多いほど、調整に負荷がかかります。一定の範囲内であれば、各部署が柔軟に変更できるようにした方が運用面で楽です。仕組み構築者は長い経験や広い視野が必要であることから、中堅以上の設計者・技術者が担当することが多いと考えられます。それがゆえに、仕組み構築者の独りよがりで設計ルールが作成されることが少なくありません。一度設計ルールを作ってしまうと、それを守っていくのは設計者です。仕組み構築者と設計者が十分な議論をしながらルール化していくことが重要です。押し付けルール、管理のためだけのルールにならないようにすることが求められます。

Point 2　設計ルールと承認者

　図面や仕様書などには通常、「承認欄」があり、承認権限を持った人が承認したことを明示しています。設計ルールは設計内容を規定するものですから、図面や仕様書と同様に承認権限を持った人の承認が必要です。もし承認されていない設計ルールがあると、そのルールの元で設計した内容は、設計プロセスの中のどこかで承認権限者に説明し、承認を得る必要があります。設計ルールを守っただけの設計を、わざわざ様々な設計資料を用いて説明をするというのは、どう考えても無駄な作業です。そのようなムダが生じないように、設計ルール作成時や変更時に、承認権限者の承認を得る仕組みを作っておくことが大切です。一方、設計ルールは組織の階層毎に作成されます。すべての設計ルールの承認権限者が全社品質保証部長や事業部長では、柔軟な運用はできません。そこで、設計ルールの内容に応じて、承認者をわけておくのが１つの方法です。図に示すようにリスクに応じて承認者を変えてもよいでしょう。

1）P110「リスクアセスメント」参照
2）付録2-No.9「R-Map」参照

Point 1 禁止／強制／推奨／情報

再発防止の効果(大) ←――――――――――――――――――→ 自由度(大)

| 強制 | 禁止 | 推奨 | 情報 |

<例：ソルベントクラック[1)]に関する設計基準>
【強制】⇒「耐薬品性ABSを使用すること」
【禁止】⇒「非耐薬品性ABSの使用は不可」
【推奨】⇒「耐薬品性ABSを使用することが望ましい」
【情報】⇒「非耐薬品性ABSではソルベントクラックに注意すること」

Point 2 機能／性能／詳細仕様

再発防止の効果(大) ←――――――――――――――――――→ 自由度(大)

| 詳細仕様 | 性能 | 機能 |

<例：ソルベントクラックに関する設計基準>
【機能】⇒「耐ソルベントクラック性を持っていること」
【性能】⇒「薬品Aに40℃・24時間浸漬しクラックなきこと」
【詳細仕様】⇒「耐薬品性ABS○○×厚み2.5mm」

Point 1　禁止／強制／推奨／情報

　設計ルール（この項では設計基準）の作成は簡単なように思えて、奥が深いものです。内容を「禁止」「強制」「推奨」「情報」のどのレベルにするかによって、再発防止の効果と自由度が変わるからです。プラスチック製品でよく起きるソルベントクラックという不具合を例に考えてみましょう。ソルベントクラックを防ぐための設計基準として、図のようなものが考えられます。再発防止の効果としては、「強制」が最も大きくなります[2]。基準に書かれている方法以外の選択肢はないため、設計者のスキルにかかわらず、耐薬品性 ABS を使用せざるを得ないからです。しかし、自由度はほとんどなく、設計者が創意工夫できる余地はありません。「禁止」レベルで作っておけば、設計の自由度は多少上がります。しかし、設計者のスキルが低い場合は、問題が生じるおそれがあります。「推奨」「情報」は設計基準といえるのか微妙なところですが、社内調整において厳格な基準が作れないこともよくあります。このレベルで設計基準を作っておけば、自由度が大きいですから、設計者は様々な工夫を取り入れることが可能です。一方、スキルが低い設計者の場合、適切な設計解を導き出すことができず、品質問題が発生してしまう可能性があります。どのレベルの設計基準がよいかは、ケースバイケースです。品質安定を目指すのか、工夫の余地を残して、競争力強化を目指すのか、しっかり議論をして決定することが必要です。

Point 2　機能／性能／詳細仕様

　設計基準にも「機能」「性能」「詳細仕様」の使いわけがあります。ソルベントクラックの設計基準の例として、図のようなものが考えられます。これも Point 1 と考え方は同じです。自由度は「機能」＞「性能」＞「詳細仕様」の順に小さくなりますが、再発防止の効果は「詳細仕様」＞「性能」＞「機能」の順に小さくなります。設計者の裁量を残すべきか、残さぬべきか、設計対象によって検討することが求められます。なお、P86 の Column 3 に法律における仕様規定と性能規定の話を掲載していますので参考にしてください。

1）主に ABS のような非晶性プラスチックにおいて、一定以上のひずみと薬品の付着が同時に生じたときにクラックが発生する現象。プラスチック製品では最も頻繁に生じる不具合の１つ。
2）実際には耐薬品性 ABS を使ったからといってソルベントクラックを完全に防げるわけではない。

Point 1　ヒューマンエラーの分類[1]

ヒューマンエラー

知識・技能の不足
ルールを知らない／理解していない
ルール通り行うスキルがない

「赤信号」の意味がわからなかったので信号を無視した。

意図しないエラー
ルールを知っており、ルール通り行うスキルはあるが、うっかり忘れる、間違える

「赤信号」の意味は知っていたが、遠くにある信号と誤認したため信号を無視した。

意図的な不順守
ルールを知っており、ルール通り行うスキルはあるが、意図的に守らない

「赤信号」の意味は知っていたが、急いでいたので信号を無視した。

Point 2　設計者のエラー

〈設計ルールの例〉
設計基準 No. 125
「製品 A に非晶性プラスチックを使用する場合、ソルベントクラックが生じるおそれがある。それを回避するため、使用する材料と薬品の組合せにおける臨界ひずみ[2]を $n=10$ のサンプルで測定し、下限値（平均値-3σ）の 50 ％を許容ひずみとすること。」

設計者のエラー	例
知識・技能の不足	臨界ひずみについての理解が不足しており、正しい評価・測定を実施することができなかった。
意図しないエラー	標準偏差（σ）を表計算ソフトで計算したが、使用する関数を間違えていた。
意図的な不順守	設計基準を守るとコスト増につながるため、臨界ひずみの下限値ではなく、平均値を使って許容ひずみを算出した。

Point 1　ヒューマンエラーの分類

　再発防止活動の多くは、設計ルール作成です。効果的なルールを作成し、適切に運用できれば、同じ内容での品質問題が起きることはほとんどないと考えられます。しかし、それは、そのルールを設計者がちゃんと守るというのが前提です。いくら時間をかけてすばらしいルールを作っても、設計者がそれを守らなかったらどうにもなりません。設計者に限らず、人は間違える存在です。間違えることを前提にした設計の仕組みが必要です。

　ヒューマンエラーの分類については、いろいろな方法が提案されています。本項では図のように分類して解説します。赤信号を例に考えてみましょう。ヒューマンエラーの１つ目は、知識・技能の不足です。そもそもルール自体を知らない、あるいは知っていたとしてもルール通り行うスキルがない場合に生じます。『「赤信号」の意味がわからなかったので信号を無視した』。２つ目はルールを知っており、守るスキルもあるが、うっかり忘れたり、間違えたりするというようなケースです。『「赤信号」の意味は知っていたが、遠くにある信号と誤認したため信号を無視した』。最後は意図的な不順守です。ルールは知っているし、守るスキルもある。しかし、何らかの理由により意図的に守らないケースです。『「赤信号」の意味は知っていたが、急いでいたので信号を無視した』。

Point 2　設計者のエラー

　Point 1 の分類を設計者のエラーに当てはめてみましょう。例えば図に示すような設計基準が作成されたとします。設計基準を作った仕組み構築者としては、しっかりとしたルールができたと思っているかもしれません。しかし、設計者も人ですから常に守れるわけではありません。知識・技能の不足では、重要なキーワードである「臨界ひずみ」をよく理解していないかもしれません。理解が不足していれば、正しい評価は難しいでしょう。次は意図しないエラーです。表計算ソフトは便利ですが、様々な種類の関数があるため、計算を間違えることもありそうです。人は必ず間違える存在です。「エラーをするな」といくら強調してもほとんど効果はありません。最後が意図的な不順守です。設計では極めてたくさんの要求事項が課せられます。その際に、邪魔になるようなルールが存在すれば、意図的にルールを逸脱する設計者が現れる可能性があります。したがって、ルールさえ作ればよいというわけではなく、ルールが守れる仕組みが必要になります。

１）中條武志　「人に起因するトラブル・事故の未然防止と RCA」P13（日本規格協会）を参考に筆者作成
２）プラスチックと薬品の組合せにおいて、ソルベントクラックが生じる最小のひずみ。

3-10 人の能力の特徴

POINT 1 人の能力の特徴

(1) タイポグリセミア現象

文字の順番を入れ替えても、単語の最初と最後が合っていれば、正しく読めてしまう現象。

せけっいのまがちいは
だにれもきかづれない

(2) 錯視

目の錯覚のこと。この例はミュラー・リヤー錯視と呼ばれ、水平部分の長さはすべて同じなのに違って見える。

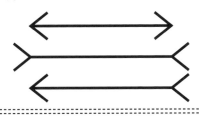

(3) 視覚の認知特性[1]

自分なりに勝手に解釈してしまう特性。中央の "B" は文脈によっては "13" に見える。

A B C
12 B 14

(4) エラー発生率[2]

フェーズ	生理的状態	エラー発生率
0	睡眠、脳発作	100 %
I	疲労、居眠り 単調作業時	10 %以上
II	休息時 定例作業時	0.001〜1 %
III	積極活動時	0.0001 %以下
IV	慌てている パニック時	10 %以上

(5) リンゲルマン効果[3]

自分以外の誰かがきちんとやるだろう＝社会的手抜き

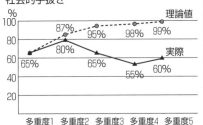

(6) 権威勾配

上司や先輩の意見に逆らえない。

権威勾配

POINT 1　人の能力の特徴

「設計者がエラーしないように十分に気をつければよい」「間違えるのはやる気がないからだ」と思う方もいるかもしれません。しかし、残念ながらいくら気をつけても、やる気があっても、人のエラーをゼロにすることはできません。どうして人のエラーをなくすことができないかを理解するために、人の能力の特徴について代表的なものを紹介しましょう。(1)タイポグリセミア現象は、文字の順番を入れ替えても、正しく読めてしまうという現象です。設計者が企画書や仕様書を読み間違ってしまうことも十分に考えられます。(2)は錯視です。3本の矢は水平部分がすべて同じ長さです。しかし、違って見えます。このような錯覚が起きる見え方はいろいろと発見されています。図面や部品形状を見誤ることも十分に考えられます。(3)人は様々な文脈や条件の中で自分なりに勝手に解釈してしまう特性があります。中央の"B"は置く場所を変えると"13"に見えてしまいます。(4)人は生理的状態によってエラー発生確率が変わります。納期に追われ疲労困憊の状態では、エラーを起こしやすいのです。エラーを減らすにはフェーズⅡやⅢで仕事ができるような環境が必要です。(5)リンゲルマン効果は社会的手抜きとも呼ばれています。ダブルチェック、トリプルチェックなどを行えば、理論的にはエラーの発生確率が下がるはずです。しかし、複数人でチェックをしていることを知っていた場合、お互いに手を抜いてしまうのです。ひょっとしたら皆さんも経験があるかもしれません。(6)権威勾配は、上司や先輩など地位が高い人の意見には逆らいにくいという心理特性です。設計者自身は間違っていると思っていても、上司の意見に従ってしまうことがあるかもしれません。

　他にも人は様々な特徴を持っています。その多くが人のエラーをゼロにするのは不可能だということを示しています。だからこそ世の中には人が間違えることを前提とした様々な仕組みがあります。新聞社には記者が書いた記事のミスをチェックする校閲という仕事があります。製造ラインには組立が標準通り行われたかどうかを確認する検査工程があります。また、医療では医者と薬剤師のダブルチェックにより、双方のミスを防止するような仕組みがあります。気をつけるだけでエラーがなくなるのであれば、このようなコストの高い仕組みは不要なはずです。設計においても設計者はエラーをするものだという前提で仕組みを構築することが重要です。

1）イラスト：河野龍太郎　「医療現場のヒューマンエラー対策ブック」　日本能率協会マネジメントセンターを参考に著者作成
2）橋本邦衛　「安全人間工学」　中央労働災害防止協会を元に筆者作成
3）グラフ：島倉大、田中健次　「人間による防護の多重化の有効性」品質、2003 を参考に著者作成

3-11 エラー防止の考え方

POINT 1 エラープルーフ化[1]

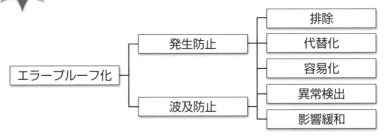

エラープルーフ化			例
発生防止	排除	設計自体や高度なスキルが必要な設計業務などをなくす	・設計点数（新規設計／設計変更）を減らす ・エラーの原因となる難易度の高い設計を減らす ・過労の原因を作らない（マネジメントの改善） ・非現実的な設計ルールをなくす
	代替化	コンピュータやツールなどが人の代わりをする	・パラメトリック設計[2] ・CAE ・コンピュータによる BOM[3]自動作成 ・高度人材のいる企業・組織との協業 ・**チェックリスト** ・各種帳票
	容易化	設計業務自体を簡単にできるようにする	・設計マニュアル／手順書の整備 ・**チェックリスト** ・人材育成 ・設計難易度に合わせて設計者を割り当てる ・繰り返し同じ設計業務を行う（経験曲線）
波及防止	異常検出	エラーが起きても検出できるようにする	・チェッカーによるルール逸脱の検出 ・レビュアーによる問題の発見 ・デザインレビューによる問題の発見 ・**チェックリスト** ・検図 ・試作品による評価 ・製品検査
	影響緩和	エラーが起きても影響が小さくなるようにする	・フェールセーフ／フールプルーフ等の安全設計手法[4]の活用 ・余裕を持った安全率の設定 ・PL 保険 ・責任範囲が限定されるような顧客との契約

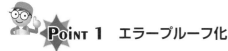

POINT 1　エラープルーフ化

　エラーを防止する方法（エラープルーフ化）には5つあるとされています。それを元に設計者のエラー防止の具体的な方法を考えてみましょう。まず、エラープルーフ化には発生防止と波及防止の2つがあります。発生防止はエラーそのものの発生を防ぐという考え方です。発生防止には排除、代替化、容易化の3つがあります。排除は設計自体や高度なスキルが必要な設計業務をなくすという考え方です。標準化や共通化などを進め、新設計・設計変更を減らせば、エラーを減らすことができます。次は代替化です。コンピュータやツールなどが人の代わりをして、エラーを減らします。パラメトリック設計やCAEなどがよい例でしょう。発生防止の最後が容易化です。設計自体を簡単にできるようにすれば、エラーが減るという考え方です。設計時に使用するマニュアルや手順書などがあれば、スキルの低い設計者でも簡単に設計ができるようになるでしょう。

　波及防止について見ていきましょう。波及防止はエラーの発生を防げなかったときの対策です。波及防止には異常検出と影響緩和があります。異常検出はエラーが起きたときに検出できるようにしておこうという考え方です。チェッカーによるルール逸脱の検出やレビュアーよる問題の発見などが代表的な例です。影響緩和はエラーが起きてもその影響を小さくするという考え方です。フェールセーフ、フールプルーフなどの安全設計手法やPL保険などが代表的な例です。

　エラープルーフ化の中でよく出てくるのがチェックリストです。チェックリストは設計者自身が使うことによる発生防止、チェッカーやレビュアーが使うことによる異常検出で活用されています。そのため、ほとんどの設計部門が多くのチェックリストを保有しています。次項からはこのチェックリストについて解説していきます。

1）中條武志　「人に起因するトラブル・事故の未然防止とRCA」（日本規格協会）を参考に筆者作成
2）、3）付録1–No. 5、22「パラメトリック設計」「BOM」参照
4）付録2–No. 11「安全設計手法」参照

Point 1 チェックリストがなぜ必要なのか

チェックリスト

特定のプロセスや業務において、適用すべきルールや手順などのリストを示したツール。

＜チェックリスト＞

＜チェックリストが必要な理由＞

①設計者が扱う情報量が非常に多い
　⇒製品の複雑化・高度化
　⇒守るべき設計ルールが膨大

②他に効果的なエラー防止ツールがない
　⇒航空、医療業界の最前線でも活用

Point 2 設計者に嫌われているチェックリスト

なぜ設計者はチェックリストが嫌いなのか	チェックリスト自体に問題	・設計対象と無関係の項目が多い ・改善サイクルがなく古いまま
	他の設計の仕組みとの整合性が取れていない	・設計の標準化（ルール化）がされていないところに導入している ・複数のチェックリストの内容が重複している
	設計者が必要性を理解していない	・ベテランの自分には必要ないと感じている ・やらされ感

Point 1　チェックリストがなぜ必要なのか

　チェックリストはエラーの発生防止や波及防止の観点で非常に重要なツールです。ほとんどの設計部門がチェックリストを使用していると思われます。しかし、多くの企業であまりうまく活用できていないのが実情かもしれません。なぜうまく活用できないのかを解説する前に、そもそもなぜ設計業務においてチェックリストが必要なのかを整理しておきましょう。まず、近年は製品が複雑化・高度化し、要求事項も膨大な量になっています。また、再発防止活動を長年継続していくと、たくさんの設計ルールが作られます。それらを記憶に頼って、抜け漏れなく設計に落とし込んでいくのは至難の業です。記憶に頼らず、効率的に、エラーがないかどうかをチェックするツールが必要です。そのための代表的なツールがチェックリストです。チェックリスト以外にもっとよいツールがあれば、そちらでもかまいません。しかし、私はチェックリストより効率的なツールを知りません。その証拠ではないですが、大企業から小規模企業まで、ほとんどの企業が現在もチェックリストを使用しています。また、安全性を最も重視している業界である航空業界、医療業界でもチェックリストを多用しています[1]。

Point 2　設計者に嫌われているチェックリスト

　一方、必要性は理解していても、チェックリストがあまり好きではないという設計者は多いかもしれません。それには色々と理由があると考えています。エラー防止には不可欠のツールなのですから、設計者が嫌いな理由を把握して、よりよいチェックリストにしていく必要があります。まず、チェックリスト自体に問題があるケースです。設計対象とほとんど無関係の項目をたくさんチェックさせたり、古い情報がたくさん掲載されていたりするのはよくありません。次が他の設計の仕組みとの整合性が取れていないようなチェックリストです。基本的にチェック項目は設計の標準化（ルール化）が前提です。標準化されていないところに導入すると、設計者によって対応が変わるため、チェックリストの効果が低下してしまいます。また、これもよくありますが、複数のチェックリストの内容が重複しているケースです。設計者のモチベーションを大きく低下させてしまいます。最後は設計者が必要性を理解していない場合です。ベテランの設計者の中には、自分には必要ないと感じている人もいるでしょう。チェックリストの必要性を理解していなければ、設計者はやらされ感を感じるはずです。

1）河野龍太郎「医療現場のヒューマンエラー対策ブック」日本能率協会マネジメントセンター

チェックリスト②
使えないチェックリストの例

Point 1 使えないチェックリストの例

(1)時系列に並べただけの不具合事例チェックリスト

日付	不具合事例	チェック
1/21	隣合う同色部材の耐候性に違いがあり、外観クレームとなった	
3/26	コードのカシメ部分が振動で外れた	
4/5	タッピンネジのピッキングミスにより製品に膨らみが生じた	
6/14	貼り合わせ部材の線膨張係数の違いにより、製品が反った	
8/1	ゴム部品から可塑剤が溶出し、隣接部品を変色させた	
9/20	寸法許容差の設定ミスにより、点検用のフタが開かない	
9/29	塗装に異物が混入し、外観クレームとなった	

(2)自分と無関係のものが大量にある設計基準チェックリスト

No.	設計基準	チェック
1	「可動部」隙間に関する設計基準	
2	非晶性プラスチックを使用する場合の設計基準	
3	角・エッジの処理に関する設計基準	
4	耐荷重の考え方に関する設計基準	
5	照明と製品間の距離に関する設計基準	
6	ネジの緩み防止に関する設計基準	
7	部品への材質表記に関する設計基準	

(3)業務の標準化（ルール化）がされていないチェックリスト

No.	内容	チェック
1	強度に問題ないか	
2	使用環境が変わっても大丈夫か	
3	製品の使われ方は確認したか	
4	耐久性は十分か	
5	工程能力は確保できるか	
6	外観性に問題はないか	
7	ネジは緩まないか	

(4)相互に重複を含むチェックリスト群

・製品安全チェックリスト
・PL事象防止チェックリスト
・重大クレーム防止チェックリスト
・苦情防止チェックリスト
・メンテナンス性チェックリスト
・製造性チェックリスト
・施工性チェックリスト
・チェックリストのチェックリスト
　　　　・
　　　　・
　　　　・

Point 1　使えないチェックリストの例

これまでたくさんのチェックリストを使ってきました。私自身が使えない（使いにくい）と思うチェックリストの例を紹介しましょう。

〈(1)時系列に並べただけの不具合事例チェックリスト〉

再発防止活動の中で同じ不具合を出さないことを目的にチェックリスト化したものです。リストが少ないうちはチェックの手間も大したことはないのですが、増えてくると自分と関係のないものばかりになります。また、時系列に並べただけなので、不具合内容によっては重複が増えてきて非効率になります。

〈(2)自分と無関係のものが大量にある設計基準チェックリスト〉

設計基準チェックリストは多くの設計部門が作成しています。これも(1)と同様に数が少ないうちは問題ないのですが、増えてくると無駄な作業が増えてきます。設計基準が数百ある中で、自分と関係があるのは1つか2つというような状況もよくあります。

〈(3)業務の標準化（ルール化）がされていないチェックリスト〉

設計上の注意事項や確認すべきポイントなどをリスト化したチェックリストです。一見、チェックリストとしてよさそうに思えますが、内容を見ると業務の標準化（ルール化）がなされていません。そのため、チェックした後の行動は、設計者によって変わります。チェックリストとしての効果が大きく低減してしまうといわざると得ません。

〈(4)相互に重複を含むチェックリスト群〉

複数の仕組み構築者がよかれと思って、チェックリストを作ります。どうしても同じような内容が含まれるため、重複が増えてきます。また、チェック漏れで不具合が再発した場合、チェックリストをチェックしたかというような冗談のようなチェックリストが作られることもあります。

PoInt 1 使えるチェックリストの例

(1)部品／製品単位のチェックリスト

〈製品 A のチェックリスト〉

項目	内容	出所	チェック
安全性	リスクアセスメントを実施し、R-Map で C 領域を確保する	設計基準 No. 3	
	ユーザーが触れる部分のエッジ処理はレベル A 以上	設計基準 No. 25	
強度剛性	強度設計時の安全率は安全設計マニュアル S-2 参照	安全設計マニュアル S-2	
	最大荷重時の変形は 2 mm 以内とする	設計基準 No. 45	
寸法	製品寸法は JIS に準拠すること	JIS ○○	
外観	外観部分は耐候性試験に合格すること	評価基準 No. 18	
	表面硬度：○○以上	評価基準 No. 81	

(2)同じ技術分野のチェックリスト（例：射出成形）

〈射出成形チェックリスト〉

項目	内容	チェック
抜き勾配	アンダーカットはないか	
	シボの位置、深さに応じて適切な抜き勾配を設定したか	
肉厚	均一な肉厚にしているか	
	肉厚の急変はないか	
ゲート	ゲートの位置を図面に明示しているか	
	ゲート処理方法を明確にしているか	
パーティングライン(PL)	PL を図面に明示しているか	
	PL の段差許容値を図面に明示しているか	

(3)ルーティン業務のチェックリスト

〈DR 提出資料チェックリスト〉

提出資料	チェック
部品図一式	
組立図一式	
FMEA	
FTA	
評価試験結果一覧	
CAE 結果報告書	
納入仕様書原案	
QA 表	
日程表	

(4)帳票・日程表の雛形

仕様書雛形　　報告書雛形

日程表雛形

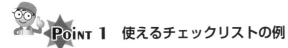

Point 1　使えるチェックリストの例

逆に使えるチェックリストもたくさん経験しましたので、いくつか紹介します。

〈(1)部品／製品単位のチェックリスト〉

例えば製品Aを設計するとき、このチェックリストさえ見ておけば設計ルールや法規制など要求事項の大部分をカバーできるというようなチェックリストです。このようなチェックリストがなければ、設計基準一覧や法律一覧など様々な情報源から製品Aに関係のある要求事項を自分自身で抽出しなければなりません。要求事項は非常に膨大な量になりますので、抜け漏れが発生してしまうことがあります。このような製品・部品毎のチェックリストがあれば、非常に効率的に設計を行うことができます。チェッカーもこのチェックリストを見ながらチェックすればよいので非常に効率的です。ただし、製品・部品毎のチェックリストを準備するのは、大変な手間がかかります。要求事項は常に変わり続けるため、維持・管理もかなり大変です。すべての製品・部品で可能というわけではないでしょう。

〈(2)同じ技術分野のチェックリスト〉

製品が違っても同じ技術分野であれば、共通したチェック項目があるものです。例えば、プラスチックの射出成形を考えてみます。射出成形はあらゆる製品に使われています。それぞれの製品ごとに要求事項は当然異なりますが、設計時に注意しなければならないことはとても似通っています。社内でこのようなチェックリストを作れば、射出成形の品質向上に役立ちます。これは射出成形だけではなく、板金加工や各種表面処理、ゴムの成形など様々な技術で活用できます。

〈(3)ルーティン業務のチェックリスト〉

チェックリストが最も活用できるのがこれです。ルーティン業務は内容が決まっています。つまり、標準化（ルール化）されています。このようなものにはチェックリストは非常に効果的です。

〈(4)帳票・日程表の雛形〉

実は帳票や日程表の雛形も立派なチェックリストだと考えることができます[1]。帳票は書くべき内容が決められていますから、空欄を埋めるだけで抜け漏れのない業務を行うことができます。やるべきことが一覧になっている日程表の雛形も同様に立派なチェックリストです。初めてやる業務でも日程表の雛形を見れば、いつ、何をやればよいかの概要がわかります。

1）アトゥール　ガワンデ「あなたはなぜチェックリストを使わないのか」 晋遊舎

3-15 検図

Point 1 検図とは

検図

「図面又は図を検査する行為[1)]」（check of drawing）

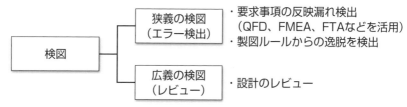

- 検図
  - 狭義の検図（エラー検出）
    - ・要求事項の反映漏れ検出（QFD、FMEA、FTAなどを活用）
    - ・製図ルールからの逸脱を検出
  - 広義の検図（レビュー）
    - ・設計のレビュー

Point 2 検図を効果的に実施するポイント

☑ 事前に設計者自身が真剣に検図に取組む
☑ エラー防止は図面以外の設計資料でも必要
☑ 負荷が大きいため、新設計を減らす努力が必要

Point 1 検図とは

　検図は JIS[1)]で「図面又は図を検査する行為」と定義されています。P74 のエラープルーフ化における異常検出の手法の１つだと考えることができます。設計者がエラーをするという前提に立つと、設計プロセスにおいては必要不可欠な活動だといえます。

　JISの「図を検査する行為」に関して詳細な定義はありませんが、本書では2つにわけて考えます。

〈狭義の検図〉

　エラー検出を目的とした検図を狭義の検図と呼ぶことにします。 図面

（2D/3D）をどのように描くかは、各設計段階[2]において抽出された要求事項や図面の用途・目的[3]によって多くが決まります。設計者はその要求事項を抜け漏れなくかつ正しく図面に反映させなければなりません。そこにエラーがないかをチェックするのが狭義の検図です。この場合の検図はチェッカーが行います。要求事項は第4章で解説するQFD、FMEA、FTAなどのデザインレビューや設計基準などの設計資産から抽出します。したがって、検図する際に図面を見るだけでは、エラーを探すことはできません。例えばFMEAに書かれている図面への要求事項を見ながら、それが図面に反映されているかを1つずつチェックするのです。また、図面の描き方はJISの製図ルールや自社基準などで決まっています。それらからの逸脱がないかも狭義の検図に含まれます。

〈広義の検図〉

　設計のレビューを含めた検図を広義の検図と呼ぶことにします。例えば、図面に材料が指示してあり、その材料で強度、加工性、コストなどに問題がないかを確認する活動です。企業によっては検図にこのようなレビューを含めるところがあります。ただし、注意しないといけないのは、設計のレビューは通常、図面だけで実施することが困難であることです。第4章で述べるように問題発見には工夫が必要だからです。したがって、広義の検図は図面だけで実施するのではなく、FMEAやFTAなどのデザインレビューと同時に実施するという理解をしておいた方がよいと考えます。本書では検図は狭義の意味で使用します。

Point 2　検図を効果的に実施するポイント

　検図は大変な手間がかかりますので、効果的に実施するためのポイントを確認しておきましょう。いうまでもないことですが、チェッカーの検図前に設計者自身が本気で検図に取組むことが大前提です。リンゲルマン効果が発揮されやすい活動ですので、設計者もチェッカーも注意する必要があります。検図は図面だけに焦点を当てていますが、エラー防止が必要なのはその他の設計資料も同じです。強度計算式や表計算ソフトの関数など、エラーが起きうるところはたくさんあります。何らかの方法でチェックすることが求められます。すべての図面や設計資料のチェックは非常に大きな手間がかかります。しかし、設計者がエラーをするのが前提であれば、チェックせざるを得ません。P97で述べるように検図対象を減らす努力も必要になります。

1）JIS Z8114：1999　「製図—製図用語」
2）基本設計、詳細設計など設計プロセスの各段階
3）図面には用途や目的に応じて様々な種類がある。例：計画図／基本設計図／詳細図／組立図／部品図など

特注品の品質向上

> Ｆ株式会社はカタログに載せる標準品の販売と、標準品を顧客の要望に応じてカスタマイズする特注品の受託を行っている。この会社の特注品で品質問題が数多く出ている。品質向上のための方法を検討せよ。

《解説》

　製品によって異なるものの、特注品は標準品と比べて設計期間が短く数量も少ないため、たくさんの設計工数を割くことが難しいというケースが多いでしょう。そのため、事前検討不足により、どうしても品質問題が発生しやすいといえます。ここでは特注品が事前検討不足になる根本原因をP34の設計の仕組みに沿って検討していきます。あくまで仮想的な検討ですが、根本原因分析のイメージとして理解してください。

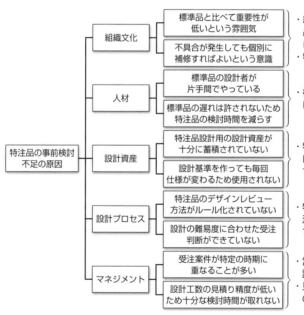

対策案の例

組織文化
- 標準品と比べて重要性が低いという雰囲気
- 不具合が発生しても個別に補修すればよいという意識

・経営者やマネージャーが特注品の重要性に対する思いを常に語る。
・特注品の品質目標を設定する。

人材
- 標準品の設計者が片手間でやっている
- 標準品の遅れは許されないため特注品の検討時間を減らす

・標準品と特注品の設計者をわける。

設計資産
- 特注品設計用の設計資産が十分に蓄積されていない
- 設計基準を作っても毎回仕様が変わるため使用されない

・特注仕様を顧客の要望通り受けるのではなく、選択方式とする。

設計プロセス
- 特注品のデザインレビュー方法がルール化されていない
- 設計の難易度に合わせた受注判断ができていない

・特注品のデザインレビュー方法、受注判断方法をルール化する。

マネジメント
- 受注案件が特定の時期に重なることが多い
- 設計工数の見積り精度が低いため十分な検討時間が取れない

・営業部門の案件進捗状況を確認できるシステムを導入。
・見積り精度向上のため設計者の工数の見える化を推進。

（特注品の事前検討不足の原因）

〈組織文化〉

　標準品と比べて数量が少なく、社内外へのインパクトもあまり大きくありませ

ん。そのため、組織内では標準品より重要性が低いという雰囲気があります。また、品質問題が発生しても数が少ないので、個別に補修すればよいという意識もあります。

（対策案①）　経営者やマネージャーが特注品の重要性に対する思いを常に語るようにする。

（対策案②）　特注品の品質目標を設定する。

〈人材〉

　当企業では標準品と特注品は同じ設計部門が担当しています。標準品はカタログの作成や販売店への約束があることから、納期遅れは許されません。したがって、標準品の日程が厳しくなると、どうしても特注品の検討時間を減らしてしまうことがあります。

（対策案）　標準品と特注品の設計者をわける。

〈設計資産〉

　設計資産の構築には負荷がかかります。特注品は一度限りの仕様であることも多く、工数をかけて設計基準などを作ろうという状況にはなりません。

（対策案）　特注仕様を顧客の要望通り受けるのではなく、こちらが準備した選択肢の中から選んでもらえるような方法に移行する。

〈設計プロセス〉

　特注品の設計プロセスを標準品と同じレベルにすることは困難だからという理由で、デザインレビューの方法が明確にルール化されていません。また、設計難易度をよく検証せず受注してしまうことがあり、設計段階で苦労することがよくあります。

（対策案）　特注品のデザインレビュー方法、受注判断方法をルール化する。

〈マネジメント〉

　案件の進捗は営業部門が管理しており、何件も発注が重なることがあります。案件が重なると設計者が慌ててしまい、エラーが増えます。また、マネージャーの設計工数見積り精度が低いと、想定より工数を要した場合、十分な検討時間を確保することができません。

（対策案①）　営業部門の案件進捗状況を確認できるシステムを導入。

（対策案②）　見積り精度向上のため設計者の工数の見える化を推進。

仕様規定と性能規定

　P68 で設計ルール作成における機能、性能、詳細仕様の使いわけの話をしました。法律にも仕様規定と性能規定という同じような考え方があります。仕様規定は構造や材料、寸法などを具体的かつ詳細に規定する方法です。例えば 100 kg のおもりが載る板の場合、「材料は○○、厚みは△△」のように規定して要求（例えば強度）を確保します。性能規定は詳細を具体的に限定せず、要求のみを規定する方法です。例えば「100 kg のおもりで壊れないこと」のように規定します。

　仕様規定

構造、材料、寸法などを具体的かつ詳細に規定すること。

「材料：○○／厚み：△△とすること」

　性能規定

構造、材料などの詳細は具体的に規定せず、要求される性能のみを規定すること。

「100 kgのおもりで壊れないこと」

　以前は電気用品安全法や建築基準法など、多くの法律で仕様規定が採用されていました。しかし、技術の進歩に法律が追いつかないことや、国際規格との整合性を取る（ISO[1]、IEC[2]などは性能規定を採用）必要性、事業者の創意工夫により競争力強化を促したい、などの理由から性能規定に変更されています。企業側としては自由度が高まるため、様々なアイデアにチャレンジすることができるというメリットがあります。一方、問題が起きたときは自己責任ですから、リスクアセスメントなどにより安全性を十分に確保することが求められます。また、なぜその仕様にしたのかの根拠を残すことも重要になるため、本書で解説する設計資産構築の考え方が活用できます。

1）国際標準化機構（電気関連以外の国際規格）
2）国際電気標準会議（電気関連の国際規格）

第 4 章

品質問題を未然に防ぐ!
（未然防止活動）

4-1 未然防止活動とは

POINT 1 未然防止活動とは

未然防止活動

まだ起きていない問題に対して、設計段階で事前に対策をする品質向上の取組み。活動の中心は「問題発見」である。

問題の発見には
工夫が必要

オフィスチェアの問題点は？

POINT 2 なぜ未然防止活動は難しいのか

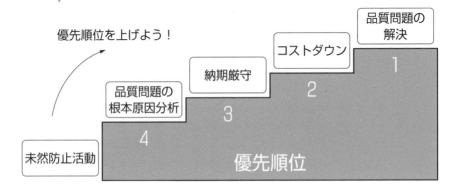

優先順位を上げよう！

品質問題の
解決
1

コストダウン
2

納期厳守
3

品質問題の
根本原因分析
4

未然防止活動

優先順位

Point 1　未然防止活動とは

　未然防止活動は、まだ起きていない問題に対して、設計段階で事前に対策をする品質向上の取組みです。再発防止活動は問題の発生を起点としているのに対して、未然防止活動はまだ起きていない問題に焦点を当てます。したがって、活動の中心は問題の発見ということになります。ここでも椅子を例に考えてみましょう。新商品として椅子を設計する場合、いろいろと起きそうな問題が考えつくはずです。無理な使い方をしたときに椅子脚が折れるかもしれないし、表皮が使用中に劣化してボロボロになることもありえます。そのような問題点を抜け漏れなく抽出して、対策を打つのが未然防止活動です。基本的にその製品に詳しい設計者が集まっているのですから、問題さえ発見できれば、対策を打つことはそれほど難しくないはずです。しかし、起きてもいない問題を抜け漏れなく発見するのは、実は至難の技です。何人か集まって製品の図面を見ながら、「はいっ、それでは皆さんで問題を発見してください！」というようなやり方をしても、必ず抜け漏れが発生してしまいます。問題を発見できなければ、その対策が実施されることはなく、市場で品質問題となって返ってくるという事態になります。そのため、未然防止活動では、効率的に問題を発見できるような工夫が必要になるのです。それを本章ではお伝えしていきます。

Point 2　なぜ未然防止活動は難しいのか

　問題発見の方法について解説する前に、なぜ多くの企業が未然防止活動をうまく推進できないのかを考えてみましょう。それはこれまで何度か述べてきた通り、まだ起きていない問題に焦点を当てるため、優先順位が低くなるからです。組織には様々な課題があります。すべてに対応することは難しく、それぞれの企業なりの考え方で優先順位を決めて取組んでいます。品質問題解決は、すぐに対応しないとお金も信用も失ってしまうため最優先事項になります。コストダウンも多くの企業で最優先事項の１つでしょう。一方、未然防止活動は、現時点で何か問題が起きているわけではないため、どうしても優先順位が下がる傾向にあります。「未然防止活動は重要である」という認識を持てるような組織文化の醸成が不可欠です。そのような下地ができないと未然防止活動は決してうまく進められないと考えています。

4-2 未然防止活動が必要な理由

Point 1 再発防止活動だけでは品質問題を十分に減らせない

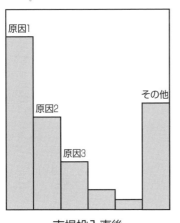

市場投入直後

一定期間経過後

上位の原因をつぶせば、品質問題
の件数を大きく減らすことができる

上位の原因をつぶしても、品質問題
の件数はほとんど変わらない

Point 2 典型的な負のスパイラル

多忙

人員不足

設計者動員

未然防止活動
をやらない

品質問題発生

典型的な
負のスパイラル

未然防止活動という
「投資」をやろう！

90

POINT 1　再発防止活動だけでは品質問題を十分に減らせない

　忙しい合間に再発防止活動をやるだけでも手一杯なのに、なぜ未然防止活動までやらなければならないのでしょうか。答えは未然防止活動をやらないと、品質問題を十分に減らすことができないからです。図は品質問題の原因別にまとめたパレート図です。製品を市場に投入した直後は、検討漏れやうっかりミスなどの初期不良が多く、不良率が高い状態となりがちです。しかし、同じ原因の問題が多いため、上位の原因に対処すれば件数（不良率）は急速に低下していきます。不良率は設計部門や品質部門の目標として設定されることがよくあります。対策に手間や時間をかけたとしても、不良率が下がるのであれば、設計者のモチベーションは維持できると思われます。一方、初期不良の対策を終え、少し時間が経過すると、パレート図は右のように変化していきます。つまり、同じ原因の品質問題は減り、多様な原因の事象が少しずつ発生するようになります。このような状況になっても不良率が目標を下回っていない場合、さらなる対策が行われることになります。しかし、１つの品質問題を解決しても、件数自体が少ないため、不良率を下げることはできません。しかも、対策にかかる時間や手間は件数が多くても少なくてもほとんど変わりません。手間や時間をかけているのに目標を達成することができないと、設計者のモチベーションは低下してしまいます。また、これらの原因の中には重大なトラブルに発展する可能性があるものも含まれるかもしれません。品質問題が発生したら対策を打つという考え方だけでは、不十分であることが明白です。

POINT 2　典型的な負のスパイラル

　設計部門はどこでも多忙です。多忙であるがゆえに未然防止活動にまで手が回らないという声を本当によく聞きます。図はそのような設計部門の典型的な状況を示しています。多忙を理由に未然防止活動を行わないと、品質問題が発生しやすくなります。品質問題が発生すると、その内容に最も詳しい設計者が動員されます。設計者が品質問題の対策に時間を取られるようになると、設計部門の中で業務調整が行われ、その他の設計者の業務が増えます。そうすると、さらに設計部門は忙しくなり、品質検討を十分に行う時間が取れなくなります。そして事前検討不足による品質問題が発生し、設計者が対策に時間を取られ・・・、というように完全な負のスパイラルになるのです。負のスパイラルを断ち切るには、未然防止活動という投資を行うしかありません。

Point 1　品質問題の本質を理解する(1)

設計基準

＜対象製品＞
木製椅子

＜旧設計基準＞
「1000N×20万回の繰り返し荷重試験(静的荷重)に合格する
仕様とすること」

↓

＜新設計基準＞
「1000N×20万回の繰り返し荷重試験(静的荷重)に加えて、
質量100kgのおもりにおける繰り返し衝撃試験(動的荷重)に
合格する仕様とすること」

この事象の本質は使用者は「荒い使い方」
をするものだということ

様々な「荒い使い方」が
想定できる

POINT 1　品質問題の本質を理解する（1）

　では、未然防止活動を行う下地が整ったとして、実際の活動方法について考えていきましょう。P88で解説したように、未然防止活動の中心は問題を発見することです。このことをP56の椅子脚破損の事例を使って考えていきます。図の椅子は使用者の体重が繰り返し座面に作用することを前提に設計されていたとします。そのため旧設計基準で繰り返し荷重に耐えられる仕様にすることがルール化されていました。しかし、使用者が勢いよく座るという「荒い使い方」を想定しておらず、椅子脚破損という品質問題が起きてしまいました。この根本原因の対策の1つとして、椅子脚強度に関する新たな設計基準を作ったとします。この設計基準が十分な検証を行った上で作成されたのであれば、この通り設計をしておけば、同じ品質問題が生じる可能性はとても低いでしょう。

　では、同じ設計部門で新商品の椅子を設計すると仮定します。椅子脚の強度設計は新設計基準に合格できるように綿密に設計を行い、十分な強度を確保したとします。それでは、それで十分でしょうか。P56の椅子脚破損は使用者が勢いよく座ったことが原因でした。しかし、それはこの事象の本質ではありません。本質は使用者が「荒い使い方」をするものだということです。インターネットで調べてみると、椅子を使ったトレーニング方法が数多く紹介されています。内容によっては椅子の強度面で心配な使い方もあります。トレーニング以外でも様々な「荒い使い方」を想定することが可能です。また、椅子脚だけではなく肘掛けや背もたれなどに関しても使用者の「荒い使い方」を設計に反映させる必要がありそうです。したがって、椅子脚破損の対策時にその他の部位も含めて、「荒い使い方」に対策を打っていれば、品質問題の発生をより効果的に低減することができると考えられます。しかし、再発防止活動の中で対象範囲を広げ過ぎると、活動に負荷がかかり過ぎ、優先順位のバランスを欠いてしまいます。さらにいくら対象を広げても100％カバーすることは不可能です。

　もし設計者やレビュアーが今回の椅子脚破損に関する本質を理解していれば、新設計時に椅子脚以外の部分でも「荒い使い方」によって起きる問題を発見できるはずです。このように様々な事象の本質を理解し、新設計時に問題を発見すること、それが未然防止活動のキモになります。

問題発見②
品質問題の本質を理解する(2)

Point 1　品質問題の本質を理解する(2)

設計基準

〈対象製品〉
製品J

〈設計基準〉
「固定具を接着する場合は、40℃環境下における
クリープ¹⁾破壊応力が10 MPa以上となるような接
着剤を選定すること」

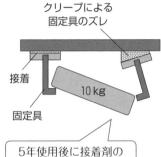

クリープによる
固定具のズレ

接着

固定具

10 kg

5年使用後に接着剤の
クリープにより部品落下

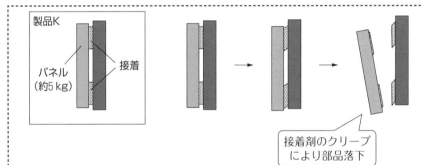

製品K

パネル
(約5 kg)

接着

接着剤のクリープ
により部品落下

製品L

パネル
(約5 kg)

アングル
(プラスチック製)

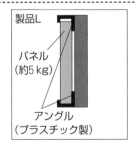

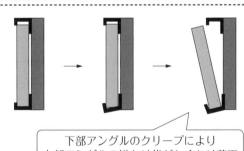

下部アングルのクリープにより
上部アングルの掛かり代がなくなり落下

Point 1　品質問題の本質を理解する(2)

　品質問題の本質の理解は非常に重要なので、もう 1 つ事例を見ていきます。図の製品 J は約 10 kg の部品を、固定具を介して接着剤で固定していました。荷重が長期に渡って接着面に作用する構造であったため、クリープ変形し 5 年後に部品が落下してしまいました。再発防止策としては様々なことが考えられますが、例えば、図のような設計基準を作成したとします。この設計基準が十分な検証を行った上で作られたのであれば、この通り設計をしておけば、品質問題が再発する可能性はとても低いと考えられます。

　では、同じ設計部門で異なる製品 K を設計すると仮定します。製品 K における部品の接合を、図のようにこれまでにない新しい方法を検討しているとします。もし製品 J の不具合の知識があって、そのメカニズムをよく理解している設計者であれば、製品 K も図のようにクリープしてしまう可能性があることを予想できるはずです。つまり、本質は接着剤に長期に渡って荷重を掛け続けるとクリープするということです。

　それでも、製品 K ぐらいの内容だったら、多くの設計者が問題発見できると思われます。では、製品 L のような場合はどうでしょうか。今度は接着ではなくプラスチック製のアングルで固定しています。もちろん、製品 J の設計基準は適用されません。今回は接着剤を使っていないため、製品 J や製品 K とは無関係に思えます。しかし、実はプラスチックと接着剤は同じ高分子材料であり、特性も非常に似ています。製品 L はプラスチック製のアングルが長期に渡る荷重によりクリープしてしまう可能性があります。下側のアングルが変形すると、上側のアングルの掛かり代がなくなり、パネルが落下してしまうおそれがあります。つまり、製品 J における品質問題の本質は、高分子材料が常時荷重によりクリープするということです。このような例はいくらでも考えられます。すべての事象を想定して設計基準を作ることなど不可能です。だからこそ、本質を理解し問題を発見することが重要なのです。

---

1 ）物体に長期間に渡って応力が作用したとき、時間の経過とともに変形が大きくなっていく現象。

問題発見③ 問題発見の考え方

POINT 1 問題発見の考え方

問題発見の考え方

┌─ 設計者が発見する

<対応例>
・能力に合った人材配置
・ツール活用
　（QFD、FMEA、FTA等）
・設計資産活用
・チェックリスト活用

├─ デザインレビュー
　　で発見する

<対応例>
・デザインレビュー
・設計プロセスの最適化
・ツール活用
　（QFD、FMEA、FTA等）
・適切なレビュアーの参加

└─ 試作・評価
　　で発見する

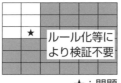
100kg

<例>
・強度評価試験
・モニター評価

対象を減らす

★　ルール化等に
　　より検証不要

★：問題

<対応例>
・標準化（付録1-No.21）
・共通化（付録1-No.1）
・モジュール設計（付録1-No.8）
・設計資産の高度化（P60）
・新規点・変更点に着目
・3Hに着目（付録1-No.37）
・リスクアセスメント（P110）

Point 1 問題発見の考え方

　P92〜95 の例で見たように、すべての事象を設計基準などで規定することは不可能です。したがって、効率よく問題を発見する仕組みを構築する必要があります。問題を発見することができるのは、以下の3つのどれかです。そこでしっかり問題が発見できるような仕組みを構築します。

〈設計者が発見する〉

　設計者自身が問題を発見できることが最も効率のよい方法です。その設計業務に必要な能力を持った人材の指名がまず1つの方法です。また設計者の問題発見を促すために、QFD や FMEA といったツールの活用、設計者が活用できる設計資産の蓄積や情報検索の容易化を推進します。また、問題発見に適したチェックリストを作ることもよい方法です。

〈デザインレビューで発見する〉

　設計者が問題を発見できれば一番よいのですが、いつも発見できるとは限りません。スキルの低い設計者や問題発見が得意ではない設計者がいるからです。設計の問題はデザインレビューで発見します。デザインレビューについては P98 以降で詳しく解説しますが、設計プロセスを最適化し、要所要所でデザインレビューを開催します。その際、各種ツールを活用しつつ、適切なレビュアーを参加させることにより、問題発見を促します。

〈試作・評価で発見する〉

　設計者、レビュアーの両者ともに問題発見できなかった場合、最後の砦となるのが試作・評価です。実物があるために問題発見しやすいように思えますが、評価できる内容は限られています。あくまで最後の保険程度に考えておいた方がよいでしょう。

　そもそも問題発見しなければならない対象が少なければ、効率的に問題発見ができます。そのためには、標準化や共通化、設計資産の高度化などを進めることにより新設計を減らすことが重要です。また、「問題がない」ことを証明することは困難であるため、問題発見のプロセスはやり過ぎると際限がなくなってしまいます。設計部門がやるべきことは当たり前品質の確保だけではありませんので、優先順位を明確化し、問題発見のために注ぐ力を重要な部分に集中することも大切です。

Point 1　デザインレビュー（DR）とは

デザインレビュー（DR）

設計内容に問題がないか確認、審査する活動。再発防止活動と未然防止活動の両方が含まれる。ただし、活動内容や範囲、その方法は組織によって様々である。

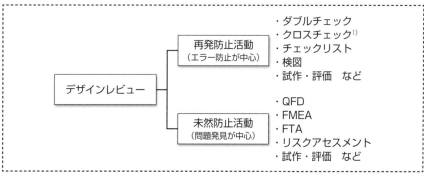

デザインレビュー

再発防止活動
（エラー防止が中心）
・ダブルチェック
・クロスチェック[1]
・チェックリスト
・検図
・試作・評価　など

未然防止活動
（問題発見が中心）
・QFD
・FMEA
・FTA
・リスクアセスメント
・試作・評価　など

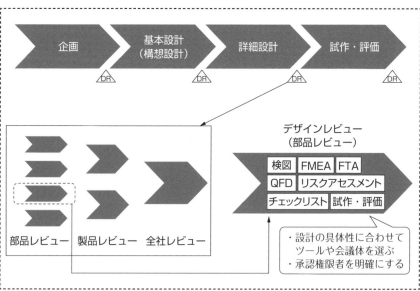

企画　→　基本設計（構想設計）　→　詳細設計　→　試作・評価

DR　DR　DR　DR

部品レビュー　製品レビュー　全社レビュー

デザインレビュー
（部品レビュー）

検図	FMEA	FTA
QFD	リスクアセスメント
チェックリスト	試作・評価

・設計の具体性に合わせて
　ツールや会議体を選ぶ
・承認権限者を明確にする

POINT 1　デザインレビュー（DR）とは

　問題発見を促す代表的な取組みがデザインレビュー（Design Review 略して DR）です。DR は JIS をはじめ、様々なところで定義されていますが[2]、本書では「設計内容に問題がないか確認、審査する活動」としたいと思います。また、本書では特定の会議体ではなく、設計内容を確認、審査する活動全体のことを DR と呼ぶことにします。

　DR はエラー防止が中心である再発防止活動と問題発見が中心である未然防止活動の両方が含まれる活動です。品質問題の発生を起点として、様々な設計ルールが設計資産として積み上がっています。その設計ルールが適切で、かつ設計者が間違いなく適用できていれば、品質問題は再発しないはずです。しかし、P70 で述べたように、設計者も人間ですからエラーを起こします。そのエラーを流出させないようにするのが、DR の1つの目的です。具体的な取組みとしては、ダブルチェックやクロスチェック、チェックリストの活用、検図、試作・評価などがあります。もう1つの目的が未然防止活動です。主に問題発見を行うために、QFD、FMEA、FTA、リスクアセスメントなどが使用されます。これらについては、P102 以降で詳しく解説します。試作・評価については、P112 で解説します。

　DR は設計プロセスの各段階でわけて行います。図のような設計プロセスの場合、企画、基本設計、詳細設計、試作・評価のプロセス毎に実施します。あまり多段の DR にしてしまうと、設計負荷が大きくなり過ぎてしまうため、必要最低限にします。設計は設計プロセスが進むほど、具体的になっていきます。設計の初期段階では、まだ必要な機能が明確になっていなかったり、実現可能性が不明な状態で設計が進んでいたりします。したがって、DR の中心は機能の抜け漏れない抽出や使用する技術の選定になります。詳細設計段階では設定した性能を満足する詳細仕様になっているかが議論の中心になります。DR で使用するツールや会議体は、設計の具体性に合わせて選ぶことがポイントです。部品数が多い製品の場合、製品全体でいきなり DR を実施することは難しいため、部品レビュー、製品レビュー、全社レビューのようにわけて行うこともあります。DR は企業や製品、製品の新規性などの条件により、多種多様な方法が採用されています。その方法に正解はありませんので、設計対象に合わせて作り込んでいくことが重要です。また、DR では活動の大小にかかわらず、必ず設計内容が承認されなければなりません。そのためには各プロセス、会議体等における承認権限者を明確にしておく必要があります。

1）付録 1-No. 2「クロスチェック」参照
2）「当該アイテムのライフサイクル全体にわたる既存又は新規に要求される設計活動に対する、文書化された計画的な審査」（JIS Z8115 : 2019）

4-7 デザインレビュー（DR）② 問題発見を促す工夫

Point 1 設計者ができること

- ☑ まずは自らが真剣に問題発見に取組む
  ⇒それでも漏れた問題を発見してもらうのが DR

- ☑ レビュアーの問題発見を促す工夫
  ⇒ 2D より 3D、3D より実機サンプル
  ⇒簡潔・明瞭・大きな文字の資料を事前送付
  ⇒問題発見の対象を減らす（P96 参照）

Point 2 レビュアーができること

- ☑ 問題発見できる人が参加する
  ⇒問題発見能力が高い人材（P116 参照）

- ☑ 重箱の隅をつつくような指摘はしない
  ⇒限られた設計工数を大事にする
  ⇒帳票の書き方などの指導は別の場で行う

- ☑ 設計者と同等の責任感・緊張感を持つ
  ⇒お客さん気分での参加は NG

Point 1　設計者ができること

　DRで問題発見を促すために設計者ができることを考えていきます。問題を発見できる可能性が一番高いのは設計者自身です。なぜならその製品に最も詳しく、最も長くその製品のことを考えているからです。設計者はDRで他のメンバーが見てくれるから、適当でいいやと考えるのではなく、まずは自らが真剣に問題発見に取組むことが重要です。それでも漏れた問題を発見してもらう場がDRだと考えましょう。次にレビューアーが問題発見をしやすくするために設計者ができることは何でしょうか。現実には問題を発見されたくない設計者も多いことでしょう。評価試験の追加や設計の見直しなど、仕事が増えてしまうからです。実際のところ設計者が問題発見されないようにしようと思えばいくらでも方法はあります。しかし、品質問題が起きた場合はもっと仕事が増えるのですから、問題は発見してもらった方がよいはずです。問題を発見してもらいやすくするためには、いろいろな工夫が可能です。製品にもよりますが、2D図面より3D、3Dより実機サンプルの方が問題発見の可能性が高まるでしょう。DRの関連資料は事前に送付し、多忙なベテラン技術者が見やすいように簡潔、明瞭、大きな文字で作成しましょう。また、問題発見の対象を減らすために、変更点や高リスクの部分など優先順位が高いものに注力するようにします。

 ## Point 2　レビューアーができること

　設計者が発見できなかった問題を発見するのがレビューアーの仕事です。まず、DRには問題発見できる能力がある人が参加する必要があります。これは非常に重要なことです。多くの企業で見られるのが、各部署に割り当てられた人数が参加しているだけというケースです。P116で解説するように、その製品で使用されている技術に関して十分なナレッジを持った人がレビューアーとして参加しなければなりません。なぜなら、十分なナレッジがないと問題を発見できないからです。また、これも多くの企業で問題になっていますが、DRがレビューアーによる設計者圧迫の場になっているケースです。重箱の隅をつつくような指摘は避けましょう。また、レビューアーの中にはDRにお客さん気分で参加し、責任感や緊張感の全くない人も見受けられます。品質問題が起きたときには、自分にも責任があるという気持ちで参加する必要があります。レビューアーはベテラン技術者が多いことから、組織内でもマネジメントが難しい面があるのも事実です。しかし、レビューアーの行動は設計者に非常に大きな影響を与えることから、レビューアーの育成に力を入れる必要があります。

Point 1　QFD（品質機能展開）[1]

QFD（品質機能展開）

製品への要求事項を品質特性[2]に展開するためのツール。

丈夫な椅子がほしい

使いやすい椅子がほしい

要求事項（機能）　　品質特性

丈夫である　→ 座面寸法
　　　　　　→ クッション材質
　　　　　　→ キャスター個数
　　　　　　　　⋮

使いやすい　→ 座面寸法
　　　　　　→ クッション厚み
　　　　　　→ キャスター直径
　　　　　　　　⋮

これをマトリックスで整理したものがQFD

要求品質[3]展開表 / 品質特性展開表		寸法							材質				質量	
		座面寸法	背もたれ寸法	ばねの硬さ	クッション厚み	脚部寸法	キャスター個数	キャスター直径	座面材質	クッション材質	脚部材質	表皮材質	本体質量	付属品質量
丈夫である	重い使用者でも使える	◎	○	◎	○	○	○	○	◎	◎	◎			
	長く使える				○				◎	◎	◎	◎		
	高温に強い								◎	○	◎	◎		
使いやすい	座りやすい	◎		◎	◎	○	○			○			○	
	移動しやすい	○				○	◎	◎					○	
	持ち運びやすい					○			◎		◎		◎	○
意匠性に優れている	色合いが美しい								○			◎		
	形状がシンプル	◎	◎		○	○								

Point 1　QFD（品質機能展開）とは

　QFD は Quality Function Deployment の略で、日本語では品質機能展開といいます。製品への要求事項を整理し、それを設計に抜け漏れなく折り込む際に活用できる設計ツールです。椅子のようなシンプルな製品でも要求事項はとてもたくさんあります。そのため、それらを各部品の設計に反映させる際、抜け漏れが生じることがあります。多くの品質問題はその抜け漏れが原因で起きています。設計プロセスの上流段階（構想設計、基本設計など）で QFD を活用することにより、要求事項の抜け漏れを予防することができます。要求事項の整理は P80 で紹介した「部品／製品単位のチェックリスト」という形でも実施可能です。しかし、製品が複雑になるとチェックリストの形では管理が難しくなります。そのような場合は QFD の活用を検討した方がよいでしょう。

　図に QFD の簡単な例を示します。マトリックスの縦列に製品への要求品質、横列に品質特性を並べます。各要求品質と品質特性の関連性を検討し、◎や○などを使ってわかりやすく整理していきます。こうすることによって、要求事項の抜け漏れを防ぎ、それらがどのような品質特性に影響するのかを関連付けることができます。QFD を作り上げるのは大変な手間がかかります。しかし、一度作れば何度も使い回しができますので、将来への投資と考えて取組むことをお勧めします。

　QFD や FMEA のような設計ツールの使用方法に唯一の正解はないと考えますが、私がお勧めする活用方法を述べておきます。設計ツールを使用する際は、設計者が事前に作成し、自分自身で問題発見の活動をすることが重要だと考えます。設計者が本気で取組まないと、問題発見できる可能性が低くなりますし、設計者の成長も期待できません。その上で、抜け漏れがないかレビュアーが確認しましょう。会議体の中で設計者とレビュアーが一緒になって作成している企業もありますが、効率が非常に悪いように感じます。また、設計ツールを使用したデザインレビューには、可能な限り承認者が参加し、議論した内容の承認を行います。承認のないレビューは最終決定ではないため、別の場を設定し承認者に説明する必要があります。そのようなやり方は非常に非効率です。

1）JIS Q9025：2003　「マネジメントシステムのパフォーマンス改善―品質機能展開の指針」
2）「製品に対する要求事項の中で、品質に関するもの」（JIS Q9025：2003）
3）「要求事項に関連する、対象に本来備わっている特性」（JIS Q9000：2015）

POINT 1　FMEA（故障モード・影響解析）[1]

FMEA（故障モード・影響解析）

構成部品の機能に着目し、その故障モードを検討することにより、品質向上を図るツール。

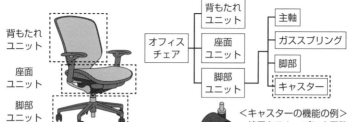

背もたれ
ユニット

座面
ユニット

脚部
ユニット

オフィスチェア

```
                  ┌ 背もたれ ┐            ┌ 主軸 ┐
                  │ ユニット │            ├ ガススプリング ┤
オフィス ─────────┤ 座面    │            ├ 脚部 ┤
チェア           │ ユニット │            └ キャスター ┘
                  └ 脚部    ┘
                    ユニット
```

＜キャスターの機能の例＞
・椅子をスムーズに水平移動させる
・椅子をスムーズに方向転換させる
・使用者の体重を支持する
　　　　　　　　　：

構成品	機能	故障モード	故障の原因	製品全体への影響	対策	厳しさの区分	発生確率
キャスター	椅子をスムーズに水平移動させる	回転抵抗上昇	耐食性の低いベアリングに塩分が付着し腐食	異音クレーム	耐食性試験○○に合格するベアリングを選定	I	2
		異物の詰まり	組立不良により隙間が大きくなり、異物を噛んだ	キャスターの作動不良	組立時に隙間調整治具の使用を検討（生産技術課）	II	1
	使用者の体重を支持する	ピン嵌合部の割れ	寸法ばらつきにより、嵌合部に過大な応力発生	キャスター脱落⇒使用者の転倒	割れが生じない寸法許容差を明確化し、図面に反映	III	1
		ベアリング圧入部分の割れ	圧入部にウェルドラインが生じて強度低下	キャスター脱落⇒使用者の転倒	金型ゲート位置を別紙の通り設定。	III	1

機能を失った状態
⇒故障

故障メカニズム

P120 Column 4 参照

R-Map
致命度マトリックス[2]
リスク優先数（RPN）[3]
処置優先度（AP）[4]
など

POINT 1　FMEA（故障モード・影響解析）

　FMEA は Failure Modes and Effects Analysis のことで、日本語では故障モード・影響解析といいます。構成部品の機能に着目し、その故障モードを検討することにより品質向上を図る設計ツールです。主に設計の下流段階（詳細設計など）で活用されており、最も優れた未然防止(問題発見)ツールの1つだといえます。

　FMEA は製品の1つ1つの構成品に着目します。その構成品が持つ機能を考え、その機能が十分に働かない場合(故障)、製品全体にどのような影響が出るかを検討します。その影響を抑えるために、故障メカニズム(故障モード＋故障の原因)を把握し、対策を検討します。対策した結果、その影響がどのくらい厳しいのかを R-Map や致命度マトリックスなどの指標を使って判断していきます。設計者が埋めた FMEA の帳票を使い、レビュアーとともに機能に抜け漏れはないか、故障メカニズムの間違いはないか、対策は妥当かなどを議論していきます。このように細かな構成品の機能に着目することにより、抜け漏れの少ない問題発見を行うことができます。また、FMEA に記載されている内容は、それ自体がまさに設計根拠です。FMEA を実施するだけで、なかなか残せないといわれることが多い設計根拠が積み上がっていくのです。これは素晴らしい設計資産になっていきます。

　FMEA は非常に手間のかかる設計ツールです。したがって、すべての構成品で実施することは現実的ではありません。変更点や 3H などの優先順位の高い部分で実施した方がよいでしょう。また、設計者から FMEA は難解でなかなか書けないといわれることがよくあります。確かに慣れは必要ですが、私の経験上、設計者であれば必ず書けるようになります。なぜなら、機能を出発点にする FMEA の進め方は、設計の思考の流れと同じだからです（P20 参照）。FMEA をやらなくても、設計者は頭の中で FMEA と同じようなプロセスを踏んでいるのです。

　FMEA は詳しく解説しようと思うと、本書1冊まるまる使う必要があるほど奥が深いツールです。また、企業や業界によるバリエーションも豊富[5]です。すべての設計ツールにいえることですが、唯一の正解の使い方はありません。規模の小さな企業が巨大企業と同じことをすると必ず消化不良になります。自社の状況に合わせてカスタマイズして使うことが望ましいと考えます。P118 の品質向上事例(4)でもう少し詳しい FMEA の事例を紹介していますので参考にしてください。

1）JIS C5750-4-3：2021「ディペンダビリティマネジメント—第4-3部：システム信頼性のための解析技法—故障モード・影響解析（FMEA 及び FMECA）

2）付録2-No. 14「致命度マトリックス」参照

3）、4）付録1-No. 10、18「リスク優先数（RPN）」「処置優先度（AP）」参照

5）DFMEA/PFMEA/FMECA/DRBFM/IATF16949　付録1-No. 26、33、28、27、29 参照

4-10 FTA（故障の木解析）

POINT 1 FTA（故障の木解析）[1]

FTA（故障の木解析）

起きてほしくないトラブルをトップ事象に設定し、それがどのような原因で生じるのかを論理記号などを使い整理するツール。

記号	名称	説明
⊏⊐	事象	一番上の解析対象がトップ事象。途中の事象が中間事象。
○	基本事象	これ以上展開できない事象。
◇	非展開事象	詳細情報が入手できないなどの事情により、これ以上展開しない事象。
OR ゲート	OR ゲート	入力事象のうちいずれかが生じる場合に、出力事象が生じる
AND ゲート	AND ゲート	入力事象の全てが生じる場合に、出力事象が生じる

〈起きてほしくないトラブル〉

豆電球が点かない

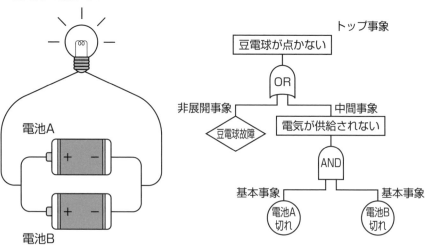

電池A

電池B

トップ事象

豆電球が点かない

OR

非展開事象　　　　　中間事象

豆電球故障　　　電気が供給されない

AND

基本事象　　　　　　　　　　　　基本事象

電池A切れ　　　　　　　　　　　電池B切れ

POINT 1　FTA（故障の木解析）

　FTA は Fault Tree Analysis のことで、日本語では故障の木解析といいます。FTA は設計段階における未然防止に使用されるとともに、実際に発生した品質問題の原因分析にも使用されています。FMEA は各構成品の機能に着目しましたが、FTA は起きてほしくないトラブルを先に考えます。そしてそれが起きるメカニズムを、記号を使いながら整理していきます。たくさんの記号が考案されていますが、よく使う代表的なものを表に示しています。

　図のような回路を例に考えてみましょう。豆電球が点かないというトラブルをトップ事象に設定し、原因を整理します。まず、豆電球が点かないという事象が起きるためには、豆電球自体が故障するか、電気が供給されないかのどちらかです。この場合のトップ事象はどちらか一方が起きれば発生します。したがって、記号は OR ゲートを使います。豆電球の故障については、これ以上深掘りしないことにするため、非展開事象の記号を使います。次に電気が供給されないという中間事象について考えます。電気が供給されない状況になるためには、回路が並列であることを考えると、電池 A と電池 B が同時に切れる必要があります。したがって、この場合は AND ゲートで結ばれることになります。このように記号を使って原因を整理することにより、トップ事象が生じないようにする対策が打てるようになります。もう少し複雑な事例として、オフィスチェアでの転倒について P134 品質向上事例(5)で解説しています。

---

1) JIS C5750-4-4：2011 「ディペンダビリティマネジメント─第 4-4 部：システム信頼性のための解析技法─故障の木解析（FTA）」

4-11 FMEA と FTA の使いわけ

Point 1 ボトムアップ手法とトップダウン手法

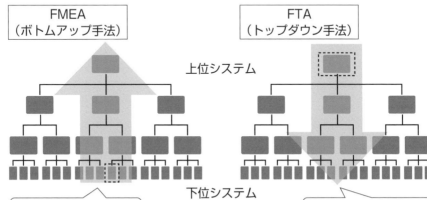

FMEA
（ボトムアップ手法）

FTA
（トップダウン手法）

上位システム

下位システム

構成品に着目し、製品に
どのような問題が起きる
かを考える

製品にどのような問題が
起きるかに着目し、その
原因を考える

Point 2 メリットとデメリット

	FMEA	FTA
メリット	機能を出発点に考えるので、設計者にとって抜け漏れのない問題発見がしやすい。	複雑な要因が絡み合う不具合の分析に適している。
デメリット	小さな構成品に着目するため、複数の要因が絡み合うような複雑な問題の発見には向いていない。	実施に大変な手間がかかる。特定事象に限定して実施することが現実的。

詳細設計工程における問題発見の基本ツールを FMEA とし、
特定事象に関して FTA を使う方法がお勧め。

Point 1　ボトムアップ手法とトップダウン手法

　問題発見を目的とした場合、FMEA と FTA はどのように使いわければよいで
しょうか。FMEA は 1 つ 1 つの構成品に着目し、それが故障したときに製品全体
にどのような影響があるかを考えます。つまり、下位側のシステム（構成品）か
ら上位側のシステム（製品全体）に向かって検討を進めていきます。そのためボ
トムアップ手法と呼ばれます。一方、FTA は製品全体として起きてほしくない
トラブル（トップ事象）を先に考えます。トップ事象が起きる原因を考えるため
に、上位側（製品全体）から下位側のシステム（構成品）に向かって検討を進め
ていきます。そのためトップダウン手法と呼ばれます。Point 2 で述べるように
両者にはそれぞれメリット・デメリットがありますので、状況に応じて使いわけ
ます。

Point 2　メリットとデメリット

　FMEA、FTA ともに非常に優れた問題発見ツールですが、それぞれにメリッ
ト・デメリットがあります。まず FMEA から見ていきましょう。FMEA は構成
品の機能に着目します。機能を出発点にする FMEA は設計の進め方と類似性が
あり、設計者にとって抜け漏れのない問題発見がしやすいことが大きなメリット
です。一方、小さな構成品に着目するため、複数の要因が絡み合うような複雑な
問題の発見には向いていません。FTA はまず起きてほしくない製品のトラブル
を先に考え、構成品にどのような問題が生じたときにそれが起きるのかを整理し
ます。したがって、複数の要因が絡み合うような複雑な問題の発見に適していま
す。一方、FTA の実施にはかなりの負荷がかかります。すべての不具合事象に
ついて FTA で分析するのは実務上困難です。詳細設計段階では、基本的な未然
防止の設計ツールとして FMEA を、複雑な要因が絡むものやリスクが高い不具
合など、特定事象のみ FTA で検証するというのがお勧めのやり方です。

4-12 リスクアセスメント

Point 1　リスクとは

リスク

「危害の発生確率及びその危害の度合いの組合せ[1]」
リスクをゼロにすることはできない。

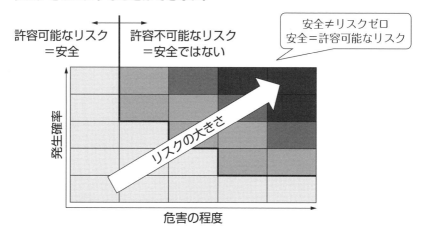

許容可能なリスク
＝安全

許容不可能なリスク
＝安全ではない

安全≠リスクゼロ
安全＝許容可能なリスク

発生確率

リスクの大きさ

危害の程度

Point 2　リスクアセスメント

リスクアセスメント

製品のリスクを分析・評価し、許容可能なレベルにまで低減する一連のプロセス。
グローバルスタンダードであり、設計プロセスのどこかに組込む必要がある。

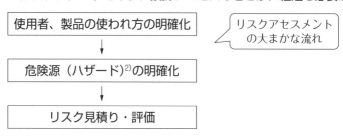

使用者、製品の使われ方の明確化

危険源（ハザード）[2]の明確化

リスク見積り・評価

リスクアセスメント
の大まかな流れ

Point 1　リスクとは

　リスクとは「危害の発生確率及びその危害の度合いの組合せ」と定義されています。図のマトリックスの横軸は危害の程度、縦軸は発生確率を示しています。右上に行くほどリスクが高いと考えることができます。リスクは製品の安全性を判断する指標として使用されます。安全とは「許容不可能なリスクがないこと[1]」であり、リスクゼロという意味ではありません。このマトリックスのどこかに線が引かれ、それよりリスクが小さいものは、許容可能なリスク、すなわち安全な製品だと判断されます。難しいのは、どこに線が引かれるかについて、法律や規格などで明確に定義されているわけではないことです。製品、使用者、時代などによっても異なり、簡単に決めることはできません。それでも、どこかに線を引いて安全な製品を設計する必要があります。それがリスクアセスメントの取組みです。

Point 2　リスクアセスメント

　FMEA や FTA などを使って未然防止活動を行ったとしても、リスクをゼロにすることはできません。したがって、発見した問題に関してリスクを分析・評価し、許容可能なレベルにまで低減する必要があります。そのようなリスク低減の一連のプロセスをリスクアセスメントといいます。図はその大まかな流れです。使用者や製品の使われ方を考慮し、危険源（ハザード）を明確化します。そしてそのリスクの見積り・評価を実施し、リスクが許容不可能だと判断した場合、許容可能なレベルになるまでリスク低減を繰り返します。リスク低減には3ステップメソッド[3]という考え方が用いられます。

　現在、設計段階におけるリスクアセスメントの実施が強く求められています。なぜならリスクアセスメントがグローバルスタンダードだからです。国際規格には様々な安全規格があります。それらの安全規格を作るための指針となる ISO/IEC Guide51 において、リスクアセスメントの実施が強く求められています。そのため、経済産業省もマニュアル類を公開し、すべての企業に実施を求めています。したがって、リスクアセスメントを設計プロセスのどこかに組込まなければなりません。どう組込むかについて唯一の正解はなく、自社の状況に応じて検討する必要があります。リスクアセスメント単独の会議体をやったり、FMEA やFTA に組込んだり、各社いろいろと工夫をしています。また、リスクアセスメントは品質問題が発生したときのリコール判断にも用いられます。

---

1 ）JIS Z8051：2015（ISO/IEC Guide51：2014）
2 ）付録2-No. 12「危険源（ハザード）リスト」参照
3 ）付録2-No. 13「3ステップメソッド」参照

4-13 試作・評価

Point 1 試作・評価

```
企画  ▶  基本設計  ▶  詳細設計  ▶  試作・評価
```

<設計資産より>
・評価試験規格

<未然防止活動より>
・実施が必要と判断された評価試験

Point 2 試作・評価は最後の砦

スイスチーズモデル[1]

組織の各階層における防護策の穴を同時に通り抜けたとき、事故が起きるという考え方。

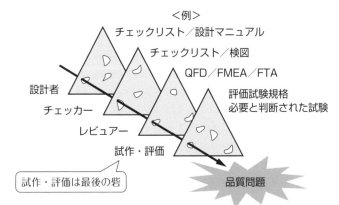

<例>
チェックリスト／設計マニュアル
チェックリスト／検図
QFD／FMEA／FTA
評価試験規格
必要と判断された試験

設計者
チェッカー
レビュアー
試作・評価

試作・評価は最後の砦

品質問題

Point 1　試作・評価

　設計プロセスの最終工程にあるのが試作・評価です。実物での試作・評価ができない場合もありますので、すべての設計プロセスに存在するわけではありません。量産品の場合は、量産前に試作・評価を行うことが一般的です。試作・評価にはアイデアを練るための手作り試作から、設計完了後の試作・評価、量産開始前の製造性評価まで様々な形態があります。ここでは、図面や仕様書などの大部分の設計プロセスが完了した後の試作・評価(設計試作)について解説します。試作・評価のプロセスで行う評価試験は2種類あります。1つは自社の試験規格に基づく評価試験です。製品ごとに実施すべき試験方法や合格基準などが決められています。この試験規格自体、重要なノウハウであり、貴重な設計資産です。そして、もう1つは未然防止活動の中で実施が必要と判断された評価試験です。これらの評価試験で問題が発見されなければ、晴れて設計は完了ということになります。

Point 2　試作・評価は最後の砦

　試作・評価は設計プロセスの最終段階です。様々な設計検討を終えた後、最後の確認のために行うものです。実物が目の前にあることの安心感があり、評価試験に合格すれば、何となく問題がないように感じられます。しかし、間違えても、試作・評価のプロセスを問題発見の主役だと考えないことが重要です。なぜなら、試作・評価は実物が必要であるため、あらゆる条件を網羅した試験を行うことは不可能だからです。特定条件の評価しかできないのですから、試作・評価だけで問題をすべて発見することはできません。それでも試作・評価を実施する理由は、設計段階での見落としやエラーを発見する最後の砦だからです。有名なスイスチーズモデルの最後の1枚なのです。試作・評価を問題発見の主役としてはいけないもう1つの理由は、この段階で問題が発見された場合、設計のやり直しのための時間がほとんどないからです。納期へのプレッシャーは設計者のエラーを誘発するため、品質向上の観点では望ましくありません。

　試作・評価でもう1つ見ておきたいことがいわゆる「製品の死に方」です。試験規格に合格したとしても、最終的に壊れたとき、火災になったり、使用者が怪我をしてしまったりする場合は、市場で問題になる可能性があります。設計者は製品が「安全な死に方」をするように、設計段階で工夫をすることが重要です。

1）ジェームズ　リーズン　「組織事故」日科技連出版社　※イラストは本書を参考に設計プロセスに当てはめたもの

Point 1　優先順位による対応

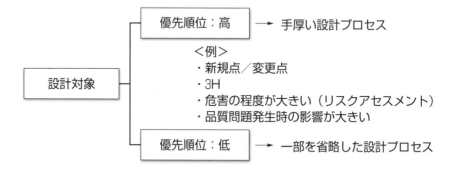

設計対象
- 優先順位：高 → 手厚い設計プロセス
  - ＜例＞
  - ・新規点／変更点
  - ・3H
  - ・危害の程度が大きい（リスクアセスメント）
  - ・品質問題発生時の影響が大きい
- 優先順位：低 → 一部を省略した設計プロセス

Point 2　問題を探す対象を減らす

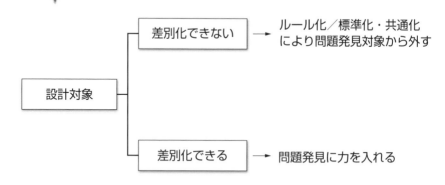

設計対象
- 差別化できない → ルール化／標準化・共通化により問題発見対象から外す
- 差別化できる → 問題発見に力を入れる

Point 1　優先順位による対応

　スイスチーズモデルに従うと、デザインレビューを何度も繰り返した方が問題発見につながると考えられます。確かに、すべての設計対象で同じように丁寧にやることができれば理想的です。しかし、丁寧にやり過ぎると、いくら時間があっても足りません。むしろ重要な問題への対応が不十分になってしまう可能性があります。設計部門における品質向上の活動は、限られた経営資源をどう配分するかというのが大きなポイントです。設計対象には優先順位を付け、それぞれに適した対応を行うことが重要です。優先順位を高くするべき対象は、品質問題が起きやすい場合とリスクが高い場合です。多くの設計部門に共通して品質問題が起きやすいのは、従来からの設計に対して新規点／変更点や3Hがある場合です。また、問題の発生頻度が低くても、危害の程度や品質問題発生時の影響が大きい場合は優先順位を上げた方がよいでしょう。優先順位が高い設計対象では手厚い設計プロセスを構築します。一方、優先順位が低い設計対象は一部を省略した設計プロセスにするのも1つの方法です。

Point 2　問題を探す対象を減らす

　問題発見をしないといけない範囲が広いほど、発見に手間と時間を要します。また、その発見確率も下がります。したがって、できるだけ問題発見しなくて済むような取組みをすると、設計の効率が向上します。どのような製品にも、アイデア次第で競合他社と差別化できる部分と、もはや陳腐化しどんなに工夫してもほとんど差別化できない部分があります。差別化できそうもない部分を頑張って新規設計しても、その努力が報われることは少ないでしょう。そうであれば、ルール化、標準化・共通化などを推進し、問題発見の対象から外します。当然、ルール通りの設計だけでは競合他社に勝つことができません。自社が勝負する部分を定め、そこではどんどん新しいことにチャレンジします。ルールがないため問題が発生する確率が高くなるので、未然防止活動で問題を発見するのです。

4-15 人材による問題発見

Point 1 問題発見能力の高い人材

問題発見能力の
高い人材

このような人材がレビュアー
としてデザインレビューに
参加することが重要

→ ナレッジ
特定分野のナレッジ／設計資産の理解
<例>
・プラスチックの製品設計に関する幅広い知識

→ 抽象化能力
過去の具体的な問題から共通する本質を抜き出す能力。
<例>
・プラスチックが紫外線で劣化するのであれば、同じ
高分子材料であるゴムも紫外線で劣化する。

Point 2 問題発見能力が高い人材を活用するポイント

ポイント	例
専門家育成	・重要分野、品質問題が多い分野（特定分野）で専門家を長期的視野で育成する
デザインレビューへの参加ルール	・特定分野の技術が含まれる場合、必ずその分野の専門家がデザインレビューにレビュアーとして参加する
問題発見のための検討時間	・問題発見するためには資料の読み込みに時間を要する。デザインレビューの資料は会議の数日前までに送付するようにする
設計資産の活用	・専門家が様々な事例を調査できるように、設計資産を着実に蓄積する ・設計資産は容易に検索できるようにする

Point 1　問題発見能力の高い人材

　設計者が設計段階に問題を発見できなくても、レビュアーがデザインレビューで発見できれば、品質問題を未然に防ぐことができます。誰もが簡単に問題を発見できれば、未然防止活動など簡単なものですが、そういうわけにはいきません。ここで問題を発見する能力が高い人材とはどのような人なのかを考えてみましょう。問題発見能力はその人が持つ設計対象に関するナレッジに依存します。例えば、海外のある国で販売する製品にどのような問題が生じる可能性があるかを考える場合、現地での使用環境条件や製品の使われ方などを知らないと、問題を発見するのは困難です。まず、問題を発見したい分野に関する十分なナレッジが必要です。問題発見能力のもう 1 つのポイントは、抽象化能力です。抽象化能力は過去の具体的な問題から共通する本質を抜き出す力のことです。具体的に品質問題の事例をいくらたくさん知っていても、世の中の事象すべてをカバーすることは不可能です。過去の問題から本質を抜き出すことができれば、少ない事例から問題発見につなげることができます。ナレッジを持ち、抽象化能力の高い人材がレビュアーとしてデザインレビューに参加し、問題発見を担うことが重要です。

Point 2　問題発見能力が高い人材を活用するポイント

　単純に設計者に経験を積ませれば自動的に問題発見能力が身につくというわけではありません。戦略的にそのような人材を育成していく必要があります。まず、技術分野は非常に広いため、1 人の人材がカバーできる範囲は限られます。そこで自社にとって重要な技術分野あるいは品質問題が多い分野（特定分野）を選び、専門家を長期的視野で育成していきます。そしてそれらの技術分野が含まれる製品のデザインレビューがある場合、必ずその分野の専門家が参加するようにします。専門家といっても問題発見するためには資料の読み込みに時間を要します。デザインレビューの資料は数日前までに送付するようにしましょう。また、問題発見能力には十分なナレッジが必要です。設計資産としてナレッジを着実に蓄積し、それを容易に検索できる仕組みを構築します。

キャスターの FMEA

キャスターをコストダウンするため、タイヤとホイールを別体型から一体型
に変更する。FMEA を使って問題がないか分析せよ。

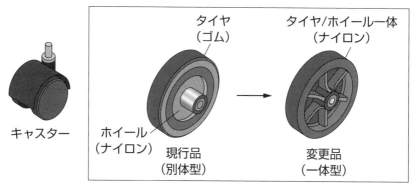

《解説》

　FMEA のやり方は企業によって様々です。本事例の方法が正解というわけで
はありませんが、1つの参考にしてもらえればと思います。

〈①変更点の明確化〉

　品質問題が発生しやすい変更点に着目します。本事例における変更点は以下の
通りです。

構成品	現行品	変更品
ホイール	ナイロンの射出成形 （成形：A 社／材料グレード：○○） ※ホイールとタイヤの組立：A 社	ホイール・タイヤ一体成形 ナイロンの射出成形 （成形：A 社／材料グレード：△△）
タイヤ	ゴムのプレス成形 （成形・材料：B 社）	※一体成形のため両部品の組立なし

〈②設計者による記入〉

　変更される部分に関して設計者が FMEA の表を埋めていきます。会議体の中
で、全員で埋めていく方法を採用する企業もありますが、設計者が埋める方をお
勧めします[1]。検討の中心は現行品から変更することにより、どのような心配が
あるかを抽出することです。心配点が抽出されれば、その対策を考えて記載して
いきます。

変更点	機能要求事項	故障モード	故障の原因	製品全体への影響	対策	厳しさの区分	発生確率
ホイール／タイヤ 別体⇒一体	椅子をスムーズに水平移動させる	振動／騒音	ゴムと比べてクッション性が低い	騒音クレーム	ナイロンの中でも柔軟性に富むグレードを選定	I	2
		ベアリング圧入部の疲労破壊	ゴムと比べてクッション性がなく、振動が生じやすい	タイヤの脱落。ユーザーの使い方によっては、転倒に至る可能性あり	社内規格「キャスター移動試験基準○○」を満たす仕様とする	II	1
	床材に影響を与えない	バリ	金型合わせ面の精度が低くバリ発生	クッションフロアの傷クレーム	図面にバリの要求レベルを記載（別紙参照）	I	2

〈③メンバーが参加し中身を議論〉

　FMEA に参加すべきメンバーは設計者に加えて、その技術分野に詳しいレビュアーと承認者です。設計者が書いた FMEA の機能、要求事項に抜け漏れはないか、故障モードや原因、影響などの考え方に問題がないか、また、その対策や厳しさの評価は妥当なのかを議論します。議論した結果は FMEA の表に追記していきます。

変更点	機能要求事項	故障モード	故障の原因	製品全体への影響	対策	厳しさの区分	発生確率
ホイール／タイヤ 別体⇒一体	椅子をスムーズに水平移動させる	振動／騒音	ゴムを比べてクッション性が低い	騒音クレーム	ナイロンの中でも柔軟性に富むグレードを選定（6/12追記）凹凸のある床では振動音が発生する旨、取説に記載。	I	2
		ベアリング圧入部の疲労破壊	ゴムと比べてクッション性がなく、振動が生じやすい	タイヤの脱落。ユーザーの使い方によっては、転倒に至る可能性あり	社内規格「キャスター移動試験基準○○」を満たす仕様とする	II⇒III	1
	床材に影響を与えない	バリ	金型合わせ面の精度が低くバリ発生	クッションフロアの傷クレーム	図面にバリの要求レベルを記載（別紙参照）	I	2

転倒すると大怪我のおそれあり

　そして、議論した結果、問題が発見されなければ承認して FMEA を完了します。問題があれば却下し、対策を検討した上で FMEA を再度実施します。

1）全員で埋める方式では設計者が自分の頭で考えなくなる。また、全員で埋める作業をやってみると、非常に効率が悪いことが多い。

FMEA で使用する用語の定義

　FMEA を実施する際に多くの人が感じるのが、用語の定義のわかりにくさです。必ず出てくる用語に以下のようなものがあります。

用語	定義[1]
故障 (failure)	「アイテムが要求どおりに実行する能力を失うこと」
故障モード (failure mode)	「故障が起こる様相」
故障原因 (failure cause)	「故障に至る事情の集合」
故障の影響 (failure effect)	「故障したアイテムの内部又は外部に波及した故障の結果」

　ほとんど謎解きのような感じで、その違いがわかりにくく、初めて FMEA に取組む人はここで止まってしまいます。キャスターを例に整理してみましょう。

キャスターの故障メカニズム

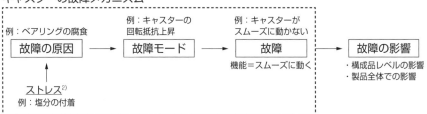

　何らかのストレスによって構成品に故障の原因が生じます。その故障の原因により故障モードが発生し、構成品は故障します。構成品が故障すると、構成品レベルでの影響の他に、上位システム（製品全体）で影響を受ける場合があります。これらの一連の流れが故障メカニズムを表します。わかりにくいのが故障モードです。これはなくても構わないのですが、検討作業の効率化のために用いられています。世の中には様々な機構部品があり、多くの製品に共通して使用されるものがあります。例えばパイプです。パイプは使用される製品が変わっても、故障の様子に大きな違いはありません[3]。それを故障モードとして一覧にしておけば、FMEA を実施する際に効率的に検討ができます。故障モードという考え方がわかりにくければ、故障モード＝故障の原因と考えても問題ありません。

1）JIS C5750-4-3：2021／JIS Z8115：2019 による定義
2）付録 2-No. 8「ストレス」参照
3）パイプの故障モード：破断／亀裂／変形／詰まりなど

第 5 章

活動の効果を
さらに高める取組み

POINT 1　人材のスキル向上を阻む要因

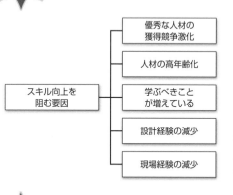

〈例〉

優秀な人材の獲得競争激化	・製造業人気の低迷 ・若者人口の減少
人材の高年齢化	・新規分野のスキル獲得が難しい ・デジタル技術への未対応
学ぶべきことが増えている	・英語（海外企業との取引のため） ・デジタル技術（CAE、CAD、AIなど）
設計経験の減少	・標準化、共通化の推進 ・分業体制の進行
現場経験の減少	・生産が海外企業 ・販売先、設置先が海外

（スキル向上を阻む要因）

POINT 2　戦略的にスキルを向上させる

（1）必要なスキルの明確化

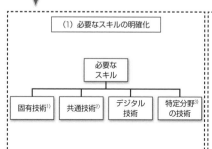

必要なスキル

- 固有技術[1]
- 共通技術[2]
- デジタル技術
- 特定分野の技術[3]

（2）スキルの可視化

		伊藤	高橋	斎藤	山口	加藤	田村	渡辺	高木
製図CAD	製図知識	5	4	3	4	3	4	3	3
	2DCAD操作	4	2	2	5	3	4	3	4
	3DCAD操作	4	5	2	2	—	2	2	4
材料	金属材料	3	2	3	5	2	3	—	3
	プラスチック	4	3	2	2	2	2	—	2
	ゴム	2	2	3	2	—	—	—	—
力学	材料力学	5	3	2	4	2	2	—	—
	機械力学	4	2	2	2	—	—	—	—
	流体力学	2	—	1	2	—	—	—	—

（3）計画的な人材育成投資

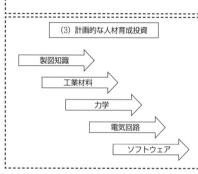

- 製図知識
- 工業材料
- 力学
- 電気回路
- ソフトウェア

（4）社外専門家の活用

Point 1　人材のスキル向上を阻む要因

　設計業務はデジタル技術の活用が進んでいるとはいえ、その中身の多くは人材の能力に依存します。人材の能力をいかに向上させるかが設計品質向上のために非常に重要なポイントとなります。まず、近年の製造業の状況を考えると、スキル向上を実現するために様々なハードルがあることがわかります。まず、他業界との優秀な人材の獲得競争が激しくなっています。製造業は就職先としてかつてほどの人気がなく、さらに若者人口の減少により、優秀な人材の獲得は非常に難しい状況です。また、人口動態の影響もあり、設計部門の人材は高年齢化が進んでいます。大手製造業の設計部門でさえ、もう何年も新入社員が入っていないというところもあります。経験を積んだ人材が多くいること自体はよいことですが、新規分野のスキル獲得やデジタル技術への対応は容易ではありません。さらに、学ぶべきことはどんどん増えています。海外企業との取引のために英語が必要な人もいるでしょうし、最新のデジタル技術を習得するにはかなりの時間が必要です。また、標準化や共通化の推進、分業体制の進行により、幅広い設計経験を積むことが容易ではなくなっています。製造現場に関する経験も、生産が海外企業だと簡単ではありません。販売先や設置先が海外の場合が増えており、製品の使われ方などを学ぶ経験も難しくなっています。

Point 2　戦略的にスキルを向上させる

　このような状況ですから、設計の実務経験に頼るだけでは不十分です。戦略的にそのスキルを向上させていく取組みが必要となります。まず、たくさん学ぶべきことの中から、どんなスキルが必要なのかを明確にします。設計者にとって何を習得すればよいかがわかりやすいので、効率的なスキル向上が期待できます。また、学ぶべきスキルを誰が持っているのかをスキルマップなどを使い可視化できるとなおよいでしょう。人材育成は年単位の取組みです。目標を設定し、スケジュールを立てて推進します。企業によっては社内での人材育成に限界があるかもしれません。そのようなときは社外の専門家を活用するというのも1つの手段です。これまで日本の企業は何でも自前でやろうとする傾向がありました。今後は何でも自社でやるというのは簡単ではありません。デザインレビューに社外から専門家として参加してもらうなど、ピンポイントで活用する方法もあります。

1）付録1-No. 15「固有技術」参照
2）付録1-No. 13「共通技術」参照
3）各企業にとって重要な分野、品質問題が多い分野の技術

5-2 デジタル技術で品質を高める

Point 1 デジタル技術が活用できる対象

良構造問題
よく構造化[1]されており、明快な解決方法が存在する問題。
（例）クイズ、数式、目的地までの交通手段
⇒デジタル技術が活用しやすい。

悪構造問題
複雑で構造化できず、明快な解決方法が存在しない問題。
（例）多くの設計業務、新商品企画、子育て
⇒デジタル技術の活用が難しい。

```
設計対象 ─┬─ 差別化できない ──→ "良構造化"してデジタル技術活用
          │                      例：寸法ルールを決めてパラメトリック設計
          └─ 差別化できる   ──→ 人の力でよいものを設計する
```

Point 2 品質向上で使えるデジタル技術の例

設計品質向上で使える デジタル技術の例	設計品質向上への活用例
3DCAD	・アセンブリ品の干渉チェック ・設計ルールに合致しているのか自動チェック ・パラメトリック設計による自動設計 ・公差解析 ・3D プリンターによる試作支援 ・AR[2]、VR[3]による 3D 上のデザインレビュー
CAE	・各種解析（構造／伝熱／熱応力／振動／流体・・・）
ナレッジマネジメント	・PDM ・PLM ・各種ナレッジ共有システム
その他	・RPA（繰り返し行う事務的作業の自動化） ・気づき支援システム ・AI によるエラー防止

Point 1　デジタル技術が活用できる対象

　設計業務では様々なデジタル技術が活用されるようになっています。どのようなデジタル技術が活用できるのかを見る前に、どのような設計対象にデジタル技術が活用できるのかを考えておきましょう。世の中にある解決すべき問題は大きくわけて2つあります。1つは、明快な解決方法が存在する良構造問題です。クイズや数式、目的地までの交通手段などが代表例です。良構造問題の解決はデジタル技術が活用しやすい分野です。もう1つが悪構造問題です。複雑で構造化できず、明快な解決方法が存在しない問題です。新商品企画や子育てなどが代表的です。これらは唯一の正解がありませんので、デジタル技術の活用が難しい分野です。設計業務にも両方の問題が含まれていますが、多くが悪構造問題だと考えられます。なぜなら、設計業務の多くが良構造問題であるならば、デジタル技術によりほとんど自動化されているはずだからです。しかし、そんな話は全く聞きません。むしろ人が足りなくて困っているという話ばかりです。

　一方、設計業務に良構造問題がないかというと、そういうわけではありません。寸法ルールを決めてパラメトリック設計をするなど、工夫次第で良構造問題にすることが可能です。ただし、構造化できるということは明確な解決方法があるということですから、競合他社との差別化は困難な場合が多いでしょう。したがって、設計対象において差別化できない部分を意図的に良構造化し、デジタル技術を活用することが大切です。

Point 2　品質向上で使えるデジタル技術の例

　デジタル技術のメリットはエラーをしないこと、スピードが極めて速いことです。それらを活かして設計品質向上の様々な場面で使用されています。最も幅広く活用することができるデジタル技術の1つが3DCADです。3DCADはモデリングだけではなく、干渉チェックや設計ルール合致の自動チェック、パラメトリック設計など様々な機能があります。すべてを使いこなすことは容易ではありませんが、ぜひいろいろな機能にチャレンジしてほしいです。最近は大量の設計資産を読み込ませたAIによる気づき支援システムやエラー防止のシステムも開発されつつあります。注意しないといけないのは、デジタル技術はあくまで目的を達成するためのツールであることです。本書でいうと設計品質を向上させることです。デジタル技術の導入が目的化していて、何のために使っているのかわからないということは避けなければなりません。

1）上位⇒下位に要素分解すること。
2）、3）付録1-No. 24、36「AR」「VR」参照

Point 1 ハインリッヒの法則

ハインリッヒの法則

アメリカの保険会社に勤めていたハインリッヒが労働災害を分析して導いた法則。1件の重大事故の背景に29件の軽微な事故があり、さらにその背景には300件のヒヤリハットがあるというもの。

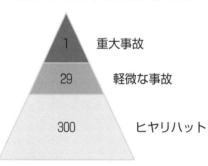

1	重大事故
29	軽微な事故
300	ヒヤリハット

設計部門におけるヒヤリハットの例
・量産図面と試作図面を間違えて出図した。
・量産前の試作品評価で強度不足が発覚した。
・検図段階までに設計ルールの適用漏れに気づかず、FMEAで指摘された。

Point 2 ヒヤリハットへの対応

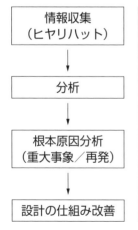

情報収集
（ヒヤリハット）
↓
分析
↓
根本原因分析
（重大事象／再発）
↓
設計の仕組み改善

ヒヤリハットへの対策例
・量産図面と試作図面を間違えて出図した。
⇒量産図面と試作図面の違いが一目でわかるように試作図には大きな「試作図」マークを入れるルールとした。

・量産前の試作品評価で強度不足が発覚した。
⇒CAEの境界条件設定をCAE専任者が助言する仕組みを作った。

・検図段階までに設計ルールの適用漏れに気づかず、FMEAで指摘された。
⇒検図チェックリストを改善した。

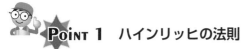

Point 1　ハインリッヒの法則

　1件の重大事故の背景に29件の軽微な事故があり、さらにその背景には300件のヒヤリハットがあるといわれています。これはアメリカの保険会社に勤めていたハインリッヒが労働災害を分析して導いたもので、ハインリッヒの法則と呼ばれます。重大な品質問題を防ぐために、この考え方を活用しましょう。本書で解説してきた再発防止活動は、問題の発生を起点とした取組みです。品質問題の中にはたった1件出しただけでリコールなどの重大な事象を招くものもあります。問題発生を待って改善を図るだけでは十分ではありません。1件の事故が重大な影響を及ぼす航空業界や医療業界ではヒヤリハットの収集、分析、対策に力を入れています。設計部門においてもヒヤリハット情報を収集し、重大事故を防ぐ取組みが必要です。

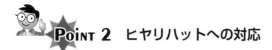

Point 2　ヒヤリハットへの対応

　重大事故の発生を防ぐために、まずヒヤリハット情報を収集します。朝のミーティング時に経験した人が報告したり、社内Webに投稿サイトを作ったりして、情報収集できる体制を作ります。ヒヤリハットを報告したら叱られた、報告した人の仕事が増えた、などのような状況にならないようにすることが重要です。そうなると誰もヒヤリハットを報告しなくなります。収集したヒヤリハットを分析し、重大事故につながるおそれがあったものや、再発したものを抽出します。それらの根本原因分析（RCA）を行い、対策を検討していきます。ヒヤリハットへの対応で中心となるのは仕組み構築者です。対策が必要と判断したテーマにそれぞれ優先順位をつけ、担当を割り振って少しずつでも改善を進めていきます。

設計の仕組みを改善する

PoINT 1　仕組みは最初からうまくいくわけではない

よくある仕組み構築の問題例

<チェックリスト>

再発防止のためにチェックリストを作ったが誰も真剣にチェックしていない。

ヒヤリハット報告

名前

内容

送信

ヒヤリハットを収集するための専用サイトを作ったが投稿がない。

設計基準書

設計基準の運用に柔軟性がなく、コストアップになってしまった

PoINT 2　設計の仕組みの改善

- ☑ 仕組みの改善を主導する仕組み構築者を指名する。
- ☑ 改善の優先順位を上げる。
- ☑ 設計者の品質に関する感度向上を図る
- ☑ 仕組みは柔軟に変更できるようにする。
- ☑ 設計プロジェクト終了直後に改善を図る。

PoINT 1　仕組みは最初からうまくいくわけではない

　設計の仕組みが最初から完璧に作られることは、まずありません。再発防止活動では、品質問題が起き、組織内のプレッシャーがとても強い状況で対策が立案されます。経営層の承認を得るには、無駄だと思ってもチェックリストを追加し

たり、新たなデザインレビューを導入したりといった対策を行うことがあります。時間がない中でいろいろな対策を導入するため、非効率な仕組みになっていることが少なくありません。仕組み構築者がよかれと思って作った仕組みが、運用してみるとあまり効果がない、むしろ効率を下げているというようなこともよくあります。また、設計の仕組みがある程度機能し、品質問題の発生頻度が少なくなると、だんだんと形骸化していくことがあります。チェックリストの内容をほとんど見ずにレ点だけをつける、図面の内容を精査せず検図する、などがよくある例です。このように設計の仕組みは何らかの問題を抱えていることが普通です。少しずつ改善しながら、よりよいものにしていくことを前提だと考えておくことが重要です。

Point 2 設計の仕組みの改善

　設計の仕組みに問題がある企業では、その改善活動に力を入れていないケースが多いと考えられます。「こんな書類が本当に必要なの？」「この会議体に何の意味があるの？」といった無駄があるのはわかっていても、長年誰も改善をしないことから、そのまま放置されているような状況です。Point 1 でも述べたように、設計の仕組みはどうしても付け焼き刃的に構築されることが多いものです。仕組みに問題があるのは当然のことで、その改善を進めなければなりません。ただし、設計者が仕組みの問題点に気づき、上司に相談すると「じゃあ、君が担当してくれ」ということになると、ただでさえ忙しい設計者が、改善提案をする気にはならないでしょう。改善活動を推進するには、改善を主導する仕組み構築者を指名し、組織としての優先順位を上げなければなりません。また、設計品質の向上は設計者の気持ちに依存するところが大きいため、設計者の品質に対する気持ち（感度）を向上させる活動が不可欠です。不具合品を展示したり、トラブルが起きた現場に直接行ったりするなど、様々な活動が考えられます。設計の仕組みは柔軟に変えられるようにすることが大事です。設計基準の文章を少し変更するだけで、何か月もかかるようでは、誰も手をつけたいとは思わないでしょう。仕組みの見直しのタイミングとしては、1つの設計プロジェクトが終了したすぐ後がお勧めです。ある程度、設計者にも余裕がありますし、実際に設計をやってみた結果として、問題点に気づくことが多いからです。

POINT 1 設計工数を見える化する

設計工数見える化が重要な理由	内容
品質の安定化	設計負荷の平準化を図るためにはマネージャーの設計工数の見積り精度向上が必要。見積り精度を上げるには設計工数の見える化が不可欠。
テーマの優先順位付け	同じ効果が期待できる設計テーマ（品質向上やコストダウンなど）の中からどれを実施するかを決めるためには、設計工数の見積りが必要。
設計生産性向上	生産性はアウトプット÷インプットで示される。アウトプットは設計部門の特徴・役割によって異なるが、インプットは設計工数を指標にすることが一般的。

	テーマ名	テーマNo.	…	合計（分）	合計（時間）
設計業務	全年度新商品開発	O001		6740	112.3
	製品Aカラーバリエーション追加	O002		930	15.5
	製品Bオプション品追加	O003		720	12
	部品δ性能基準見直し	O003		330	5.5
設計付帯業務	問合せ	S001		390	6.5
	営業支援	S002		1080	18
	他チーム設計レビュー	S005		450	7.5
設計外業務	5S活動	W001		210	3.5
	会社イベント	W002		540	9
	業務時間合計			11390	189.8

表計算ソフトを使った集計表の例

POINT 1 設計工数を見える化する

　最近は設計工数分析の重要性が認識されつつあり、一部の企業では設計工数をテーマ毎に集計して見える化しています。設計工数の見える化が重要な理由を整理してみましょう。

〈品質の安定化〉

　限られた人数で多くの設計テーマを推進するためには、各設計テーマに適切な設計者、人数、期間、工数などを割り当てる必要があります。そのベースとなる

のが設計工数の見積りです。見積りの精度が高ければ、特定の設計者・時期に設計負荷が集中することを避けることができます。負荷の平準化は設計者のエラーと不正の防止の観点で非常に重要です。設計では想定外の不具合が発生したり、途中で要求事項が変わったりするなど、設計工数の見積りは簡単ではありません。しかし、設計工数の見積り⇒設計工数の見える化⇒検証を繰り返すうちに、見積りスキルは向上していきます。逆にいえば設計工数の見える化を実施しない限り、見積りスキルは決して向上しないということです。見積りスキルが向上しないと品質は不安定になってしまいます。

〈テーマの優先順位付け〉

　同じ効果（品質向上やコストダウンなど）が見込める設計テーマの中で優先順位をどのようにつければよいでしょうか。いろいろな考え方はあると思いますが、1つは同じ効果が見込めるのであれば、すぐに終わる方、つまり設計工数が少ないテーマを実施した方がよい場合が多いでしょう。設計工数がわからなければ、優先順位をつけられません。

〈設計部門の生産性向上〉

　多くの設計部門にとって、生産性向上は喫緊の課題です。品質向上はどれだけ効率よく人材の力を発揮させるかによるところが大きいため、生産性と品質は切り離せない関係です。生産性はアウトプット÷インプットで示されます。すなわち、少ないインプットで大きなアウトプットが得られれば、生産性が高いといえます。したがって、生産性を把握するためには、インプットとアウトプットの数値が必要です。アウトプットは設計部門の特徴・役割によって異なりますが、インプットは設計工数を指標にすることが自然です。つまり「設計工数の見える化」を実施しない限り、設計部門の生産性が測定できないということになります。測定できないことを改善することは容易ではありません。

　設計工数を見える化するためには、設計者が実施した設計業務を集計する必要があります。集計作業が大きな負担となり、継続できないというケースがよくあります。1日数分程度で終わるシンプルな方法から始めた方がよいでしょう。表計算ソフトで簡単にできますし、工数管理ができるソフトウェアも多数販売されています。パーキンソンの第1法則「仕事の量は、完成のために与えられた時間をすべて満たすまで膨張する[1]」にあるように、見積り工数自体が実際の工数に影響を与える可能性があります。また、設計業務の中で工数管理・日程管理が最も難しい仕事の1つであるというのが私の実感です。しかし、それが設計工数を見える化しない理由にはなりません。設計工数の見える化は、品質向上を実現するために不可欠な活動であると確信しています。

1）Wikipedia より

5-6 不正を防ぐ

Point 1 不正のトライアングル[1]

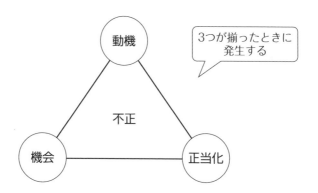

動機

3つが揃ったときに発生する

不正

機会　　　　正当化

Point 2 設計部門における不正の防止

トライアングル	例	対策例
動機	・ルール通り評価試験をやると、納期に間に合わない。	・無理な目標、短納期を避ける
機会	・検図などのダブルチェック体制が脆弱であり、不正をしても気づかれない。 ・デザインレビューは形骸化しており、不正をしても気づかれない。	・機会を与えないような設計プロセスの構築 ・形骸化の打破
正当化	・ルールを守らないことにより会社に利益をもたらしている。	・組織文化の醸成

Point 1　不正のトライアングル

　近年、品質不正の問題が頻発しています。不正は動機、機会、正当化の3つがそろうと起きやすいといわれています。製造業においては、組織間の力関係で問題を抱えやすく、納期・コストなどへのプレッシャーが大きい検査部門で不正が多く生じています。設計部門における不正は目立ってはいないものの、表面化していないだけの可能性があります。不正による品質問題は企業に与えるダメージが大きいため、不正を防止できる設計の仕組み構築が望まれます。

Point 2　設計部門における不正の防止

　不正のトライアングルを設計業務に当てはめると、例として表のような状況が考えられます。多くの企業の設計部門でありえそうなシチュエーションです。何度もデザインレビューを繰り返す設計部門でそんな簡単に不正ができるのか、と思う方がいるかもしれません。しかし明るみになっていないだけで、設計部門でも不正は頻繁に起きていると考えるべきでしょう。そもそも、設計ルールを逸脱していた場合、単なるうっかりミスなのか、意図的にやらなかったのかを判別することは困難です。不正のトライアングルが揃わないように、組織文化の醸成や仕組みの改善を繰り返す必要があります。

1）ドナルド・R・クレッシー（米国の組織犯罪研究者）による

椅子の転倒事故防止
（FTAによる分析）

椅子は製品事故やリコールの多い製品である。オフィスチェアにおける「使用者の転倒」についてFTAで分析し、そのリスクを検証せよ。

《解説》

　実は椅子は非常に危険な製品の1つです。毎年多くの製品事故が発生しており、リコールに至る例も少なくありません。椅子に関係する製品事故の中で最も危害の程度が大きいのは、使用者の転倒だと考えられます。なぜ、使用者が転倒してしまうのかをP14のオフィスチェアを例にFTAで分析し、そのリスクや対策を検討してみましょう。

　FTAをどのように作ればよいかについて正解があるわけではありませんが、1段目、2段目ぐらいまでは、分類方法を揃えておいた方が、抜け漏れを少なくすることができます。今回は1段目を製品の使い方で4つに分類しました。2段目は主に使い方の問題と製品の問題の2つに分類しました。そして、3段目でそれぞれ細かい原因を検討しています。FTAの結果を見てどのように思われるでしょうか。実はトップ事象である「オフィスチェアで転倒」に至るまでの多くがORゲートで繋がっています。例えば、「座面に浅く座り転倒」は3段目にありますが、その上側はすべてORゲートです。つまり、座面に浅く座ってバランスを崩しただけで転倒というトップ事象に至ることがわかります。他にも「背もたれフレーム破断」だけでトップ事象に至ります。このようにたった1つの故障によってトップ事象に至るような故障を単一点故障あるいは単独故障といいます。椅子は単一点故障が非常に多く、とてもリスクが高い製品です。単一点故障が多い製品は対策が容易ではありません。したがって、基本的には単一点故障を減らすような設計を行います。しかし、椅子の場合は、単一点故障を減らすことが難しいため、多くの製品事故が発生していると考えられます。

　今回のFTAからオフィスチェアのリスク低減策がいくつか考えられます。使用者に対して使い方に関する警告をしっかり行うこと、各構成品の信頼性を十分に確保することが必要でしょう。また、各構成品が故障した際に、異音や変形などにより気づきやすくするなど、転倒の確率を下げる配慮も必要だと考えます。

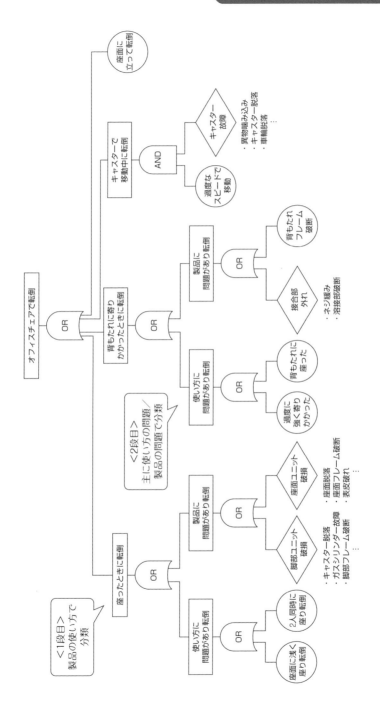

オフィスチェアで転倒

OR

座面に立って転倒

キャスターで移動中に転倒

AND

過度なスピードで移動

キャスター故障
・異物嚙み込み
・キャスター脱落
・車輪脱落
…

背もたれに寄りかかったときに転倒

OR

使い方に問題があり転倒

OR

過度に強く寄りかかった

背もたれに座った

製品に問題があり転倒

OR

接合部外れ
・ネジ緩み
・溶接部破断

背もたれフレーム破断

<2段目>
主に使い方の問題/製品の問題で分類

座ったときに転倒

OR

使い方に問題があり転倒

OR

座面に浅く座り転倒

2人同時に座り転倒

製品に問題があり転倒

OR

脚部ユニット破損
・キャスター脱落
・ガスシリンダー故障
・脚部フレーム破断
…

座面ユニット破損
・座面脱落
・座面フレーム破断
・表皮破れ
…

<1段目>
製品の使い方で分類

設計者のスキルを伸ばすには

　若手設計者の人材育成は多くの企業にって重要な課題です。人材育成というと何かを教えないといけない、だから研修や勉強会などに参加してもらおう、と考えることが多いのではないでしょうか。それ自体は非常に重要で有効だと思いますが、やはりなかなか集中して勉強できないという設計者も少なくありません。このような設計者の育成で非常に効果があるのが、設計者自身に講師になってもらうことです。テーマはその設計者に学んでほしい内容です。私は研修の講師をよくやるので実感していますが、人に何かを教えようと思うと、研修時間の何倍もの勉強時間が必要になります。そうしないと、とても人前で説明することができないからです。私の経験上、研修を受ける側のときは眠たそうにしている設計者も、自分が講師という立場になると、見違えるように準備に力を入れることが多いです。有名な経営学者のドラッカー氏は「人は教えるときにもっとも学ぶ」といっています。

　私は住宅設備メーカーで設計者として働き、現在、独立して仕事をしています。非常に幸運なことにいろいろな企業と仕事をご一緒させてもらっています。そのため、通常は門外不出である設計部門の情報に触れることができます。また、様々な業界の設計者と議論をすることもできます。そういう経験から感じるのは、設計者の多くは企業内に籠もり過ぎているということです。設計業務の情報が非常に機密性の高いものであることはよく理解しています。それでも、どんどん外に出て、いろいろな人と出会うことが設計者の実力を伸ばすためには重要だと感じています。社外に出て他の業界の技術者と話をすると、自分がいかに何も知らないのかを実感することがあります。逆に、自分は意外とこの分野であれば、高いレベルにいるのではないかと感じることもあります。社内にいるだけでは、そういったことはなかなかわかりません。社外の技術者と交流する手段は探せばいくらでもあります。自分自身のスキルを伸ばすために、どんどん外に出ていきましょう。

品質向上便利帳

付録 1　品質向上キーワード

（右欄の解説項は主な解説項です）

番号	キーワード	説明	解説項
1	共通化	異なる製品間で同じ部品を採用するなど、物理的な共通利用のこと。	0-3 4-5 5-1
2	クロスチェック	異なる情報や方法を使って対象に問題がないか確認する手法。ダブルチェックは同じ情報や方法を使って確認する手法。	4-6
3	コンカレントエンジニアリング	設計、製造などの各プロセスを同時並行的に行うこと。「コンカレント」とは「同時に起こる」という意味。コンカレントエンジニアリングの目的は設計リードタイムの短縮や品質向上、コスト低減など。	1-5
4	ナレッジマネジメント	組織活動の中で生み出されるナレッジ（情報や知識など）を共有し、効果的に活用するための活動。設計部門の仕事はナレッジマネジメントそのものである。	2-6
5	パラメトリック設計	製品の寸法や形状などをパラメータとし、各パラメータ間に定義した関係を満たすように制御する方法。多くの3DCADに搭載されており、複雑なアセンブリ品の寸法変更がほぼ自動で完了できるなど効率化に大きく貢献する。	3-11 5-2
6	ファシリテーター	組織の活動をサポートし、うまく進むように舵取りの役割をする人材のこと。会議や議論の進行役や意見の調整役などがファシリテーターの代表的な役割。なぜなぜ分析やFTAなどを実施する場合は議論が発散しやすい。優秀なファシリテーターの存在により、多くの意見を収集しつつ、1つの方向性を見出すことができる。	3-4
7	ブレインストーミング	複数のメンバーが集まって1つのテーマについて意見を出し合うことで、優れたアイデアを引き出す手法。短縮してブレストとも呼ばれる。	2-8
8	モジュール設計	製品を機能的に独立した複数のブロックにわけ、そのブロックを組合わせることによって顧客の様々な要求に応える手法。標準化、共通化とともに設計効率を向上させる手法の1つ。	4-5
9	リコール	事故や問題の発生などを最小限にするために、製品の回収や交換、改修、注意喚起などの対応を取ること。製品の種類により道路運送車両法（自動車）や医薬品医療機器等法（医療機器）、消費生活用製品安全法（各種製品）などにより定められている。	0-1 0-2 0-4 0-5 3-1

番号	キーワード	説明	解説項
10	リスク優先数（RPN）	FMEAにおいて故障モードの発生確率及び影響の厳しさを定量的に評価する方法の1つ。RPNはRisk Priority Numberの略。一般にRPNは影響の厳しさ（Severity）、発生確率（Occurrence）、検出度（Detection）を掛け合わせた式で表される。 RPN＝影響の厳しさ（S）×発生確率（O）×検出度（D） FMEAで長年に渡って使用されてきた指標ではあるが、最も重要であるはずの影響の厳しさに対する考慮が十分ではないという声がある。自動車産業の品質マネジメント規格であるIATF 16949では、RPNから処置優先度（AP）に変更されている。	4-9
11	過失	一般に要求される程度の注意を欠くこと。または結果の回避が可能であったにもかかわらず、回避するための行動を怠ること。民法第709条では「故意又は過失によって他人の権利又は法律上保護される利益を侵害した者は、これによって生じた損害を賠償する責任を負う」とされている。一方、製造物責任法第3条では「その引き渡したものの欠陥により他人の生命、身体又は財産を侵害したときは、これによって生じた損害を賠償する責めに任ずる」とされており、過失がなくても欠陥があれば賠償責任が生じる。	0-2
12	拡大被害	製品に不具合が発生した際に、製品自体の被害に留まらず、人や周囲の財産などに被害が及ぶこと。	0-5 品質向上事例(1)
13	共通技術	同じ業界内において多くの企業が保有している技術のこと。	5-1
14	欠陥（欠陥の3類型）	製造物責任法第2条において「当該製造物の特性、その通常予見される使用形態、その製造業者等が当該製造物を引き渡した時期その他の当該製造物に係る事情を考慮して、当該製造物が通常有すべき安全性を欠いていることをいう」と定義されている。法律で定義されているわけではないが、一般に以下の3類型で考えられることが多い。 <欠陥の3類型> ①製造上の欠陥 ②設計上の欠陥 ③指示・警告上の欠陥	0-2 0-4 0-5 品質向上事例(1)
15	固有技術	それぞれの企業が独自に保有している技術のこと。競合との差別化や競争力強化に重要な役割を果たしている。	5-1
16	故障	「アイテムが要求どおりに実行する能力を失うこと」(JIS Z8115:2019)。設計では要求事項を機能⇒性能⇒詳細仕様という順番で検討を進めていくが、このときの機能や性能が十分に発揮できていない状態が故障だと考えるとわかりやすい。	1-6 3-2 3-3 4-9 4-10 Column 4

番号	キーワード	説明	解説項
17	購入仕様書	製品やサービスを購入する際に、発注側がその要件や条件を示して受注側に渡す文書。受注側が発注側に渡す文書が納入仕様書。	1-3
18	処置優先度（AP）	FMEAにおいて故障モードの発生確率及び影響の厳しさを定量的に評価する方法の1つ。自動車産業の品質マネジメント規格であるIATF16949においてFMEAを実施する際に使用される。APはAction Priorityの略。影響度、発生度、検出度の中で影響度を最も重視して作られた3次元マトリックス表から、対応の優先順位を決定する。	4-9
19	製造物責任法（PL法）	製造物の欠陥により被害を受けた場合に、被害者が企業などに損害賠償を求めることができることを規定した法律。英語の"Product Liability Act."よりPL法とも呼ばれる。民法では加害者の過失を立証しなければならないが、製造物責任法では欠陥を立証しさえすればよい。	0-2 0-4 0-5 品質向上 事例(1)
20	製品事故	消費生活用製品の使用に伴い、製品の欠陥によって一般消費者に危害が発生した事故、あるいは危害の発生するおそれのあるものを指す。消費生活用製品安全法において定義されている。生じた事故のうち、危害が重大なものは重大製品事故に分類され、国への報告義務がある。	0-3 0-5 品質向上 事例(5)
21	標準化	効率化や品質向上、コストダウンなどの目的を達成するために、寸法や仕様、設計方法などをルール化し、繰り返し使用できるようにするための取組みのこと。たくさんの種類が存在するピンの軸径を1.7 mmに決める活動は標準化の例。標準化を文書としてまとめ、それを各種団体において合意に至ったものが規格（標準）である。	0-3 3-12 3-13 4-5 5-1
22	部品表（BOM）	製品を構成する部品の一覧表のこと。BOMはBill of materialの略で「ボム」と読む。BOMには製品を製造するのに必要な部品、材料、数量、図番などの情報が含まれる。設計部門で使用されるBOMを設計BOM（Engineering BOM, E-BOM）、製造部門で使用されるBOMを生産BOMまたは製造BOM（Manufacturing BOM, M-BOM）という。	1-3
23	要求事項	「明示されている、通常暗黙のうちに了解されている又は義務として要求されている、ニーズ又は期待」（JISQ 9000: 2015）。設計では様々な要求事項がインプットとなる。DfXや製品ライフサイクル、QFDなどにより、抜け漏れのない要求事項抽出が、品質向上において極めて重要である。	0-2 1-1 1-4 3-14 4-8

番号	キーワード	説明	解説項
24	AR (拡張現実)	Augmented Reality の略。現実の世界に仮想的に製品や人などを表示する技術。ウェアラブルデバイスやタブレット端末を利用することにより、あたかも製品などが現実世界に存在するかのように表示させることが可能。3DCAD データを使用することにより、試作品を作らなくても質の高いデザインレビューを実施することができるため、一部の企業で活用が始まっている。	5-2
25	CAE	Computer Aided Engineering の略。コンピュータを活用して製品の設計、製造を支援する手法やツールのこと。狭い意味では 3DCAD のデータを使用した各種シミュレーションのことを指すが、コンピュータを活用した様々な手法、ツールの意味でも用いられる。CAE により設計の早い段階で問題を発見するフロントローディングにも活かせると考えられる。また、かつてはシミュレーション自体の難易度が高く、専任の担当者を置くケースが多かった。近年は設計者自身が実施する設計者 CAE の定着を目指す企業も多い。	1-3 3-5 3-11
26	DFMEA (設計 FMEA)	Design FMEA の略。設計 FMEA ともいう。製品の企画、設計を対象とした FMEA。本書 P104 は DFMEA について解説したもの。	4-9
27	DRBFM	Design Review Based on Failure Mode の略。トヨタ自動車によって提唱された FMEA の応用手法。設計における変更点を中心的に議論することにより品質向上を目指す。トヨタグループだけではなく国内の多くの企業が採用している。	4-9
28	FMECA	Failure Modes, Effects and Criticality Analysis の略。日本語では故障モード・影響及び致命度解析。規格（JIS C5750-4-3）上は　FMEA は故障モードとその原因、影響を評価する手法、FMECA は結果の厳しさなどの致命度解析を FMEA に追加した手法と定義されている。ただし、日本国内では FMEA といった場合、致命度も合わせて評価することが一般的。	4-9
29	IATF16949	自動車産業の品質マネジメント規格。ISO9001 をベースに自動車産業特有の要求事項を付け加えたもの。IATF は International Automotive Task Force の略。本規格の運用上重要なコアツールの 1 つとして FMEA が指定されている。FMEA の実施にあたり従来はリスク評価の指標として RPN（リスク優先数）が使用されてきたが、AP（処置優先度）に変更された。	4-9
30	ISO/IEC Guide51 (JIS Z8051)	ISO（国際標準化機構）と IEC（国際電気標準会議）が合同で発行している安全規格を作成するためのガイドライン。このガイドラインではリスクアセスメントの実施を強く求めている。また、リスク低減の原則（3 ステップメソッド）についても明記されている。	4-12

番号	キーワード	説明	解説項
31	KJ 法	川喜田二郎氏によって考案されたアイデア発想法。K、J は考案者のイニシャル。参加者がアイデアを出し合い、それを付箋などに記入する。それらをグループ化することにより、新しい発想を生み出すことを目的としている。	2-8
32	PDM／PLM	PDM は Product Data Management の略。設計部門で生み出される情報を中心に、製品に関する情報を一元的に管理するシステム。デザインレビューなどで使用した文書（図面、2D/3D データ、仕様書、FMEA など）、部品表（BOM）、設計変更情報などが含まれる。また、設計プロセスのワークフロー管理にも活用されている。設計業務におけるナレッジマネジメントの中心的なシステム。 PLM は Product Lifecycle Management の略。PDM が設計部門中心の情報管理システムであるのに対して、PLM は製品のライフサイクル全体に渡って必要な情報を管理することを目的としたシステム。	1-3
33	PFMEA（工程 FMEA）	Process FMEA の略。工程 FMEA ともいう。製造工程の計画や設計を対象とした FMEA。	4-9
34	QA 表	設計から製造部門に伝えるべき情報を表にしたもの。検査方法とその合格基準、組立時の注意事項など製品により様々な情報が含まれる。QA は Quality Assurance の略。	1-3
35	TRIZ（トゥリーズ）	ロシアのアルトシューラーによって考案された「発明的問題解決の理論」。大量の特許を分析した結果、問題解決には共通のパターンがあり、それらを利用することによりアイデア発想の効率化を目指した手法。	2-8
36	VR（仮想現実）	Virtual Reality の略。現実感を伴った仮想的な世界をコンピュータで作り出す技術。3DCAD データなどを使用し、仮想現実の空間で製品の動きや使い勝手などを検証することができる。	5-2
37	3H	初めて（Hajimete）、変更（Henkou）、久しぶり（Hisashiburi）の頭文字を取った言葉。これら 3H の作業の時が最もミスが発生しやすく注意が必要だといわれている。設計においても新規設計、設計変更、久しぶりの設計時に問題が発生しやすい。	4-5 4-9 4-14

付録 2　品質向上フレームワーク・ツール

No.1　『製品ライフサイクル』で要求事項を抜け漏れなく抽出する

製品ライフサイクル	プラスチック材料に対する要求事項の例
企画	・カタログに掲載される耐荷重（例：100 kg） ・無償保証期間（例：1年）
調達	・生産国で入手しやすいグレードであること。 ・材料特性のばらつきを踏まえた安全率を設定すること。
製造	・射出成形に適したグレードであること。 ・締結部品の圧入に耐えられる強度であること。
輸送	・夏季輸送時の高温に耐えられること。 ・輸送時の梱包箱落下で破損しないこと。
販売	・在庫時に静電気による汚れが目立たないこと。 ・最大1年の在庫期間中に著しい変色がないこと。
使用	・40℃の環境下でも長期間使用できること。 ・50万回の繰り返し応力に耐えること。
保守	・保守作業時に生じる応力に耐えること。 ・保守作業時に使用する薬品類で問題が生じないこと。
廃棄	・分解しやすい構造であること。 ・廃棄時に酸化防止剤が残存していること。

※製品の種類によって製品ライフサイクルは異なる。

No.2　『製品の使用期間』を明確化する

根拠の例		内容	期間
企業が独自に決められる期間	無償保証期間	使用者の過失、不注意が原因ではない不具合に対して、無償で修理・交換を行う期間。	製品による（数ヶ月～数年）
	設計寿命（耐用年数）	製品に要求される機能・性能を維持させる期間。※安全性と安全性以外の両方	製品による
法律によって定められた期間	製造物責任法（PL法）	製品の欠陥による損害に対して責任を負う期間。	時効10年
	民法	不法行為（過失）による損害に対して責任を負う期間。	時効20年
	消費生活用製品安全法	製品の欠陥により急迫した危険がある場合、行政は製品の回収などを命じることができる（危害防止命令）。	期間の定めなし
その他	企業の社会的責任	契約、法律上の責任がなくても、社会的要請または企業ブランド価値維持の観点から社告、リコール等を行うことがある。	期間の定めなし

No.3 『DfX』でフロントローディングを実現する

<u>Design for X</u>

DfA	Design for Assembly	組立性
DfD	Design for Disassembly	易分解性
DfE	Design for Environment	環境適合性
DfM	Design for Manufacturability	製造性
DfR	Design for Recycling	リサイクル性
DfS	Design for Service	保守サービス性
DfT	Design for Testability	試験容易性

No.4 『ワイブル解析』で故障のパターンを分析する

ワイブル分布

$$f(t) = \frac{\alpha}{\beta} \left(\frac{t}{\beta} \right)^{\alpha-1} exp \left\{ - \left(\frac{t}{\beta} \right)^{\alpha} \right\}$$

$f(t)$：確率密度関数
α：形状母数
β：尺度母数
t：時間

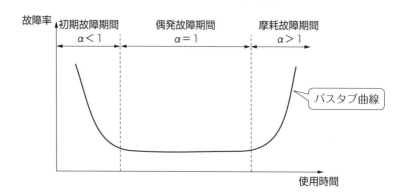

故障率

| 初期故障期間 | 偶発故障期間 | 摩耗故障期間 |
| $\alpha < 1$ | $\alpha = 1$ | $\alpha > 1$ |

バスタブ曲線

使用時間

No.5 『5W1H』で現状を把握する

5W1H	意味	例
What	何が発生しているのか	部品Bが破断して落下
When	いつ発生したのか	1週間前
Where	どこで発生したのか	顧客Cの自宅
Who	誰が関わっているのか	設計者、部品メーカー担当者
Why	なぜ発生したのか	繰り返し荷重による疲労破壊
How	どのように発生したのか	普段と同じように使っていたら突然破断

No.6 『5M1E』で直接原因を分析する

5M1E	例
Man（人）	使用者が過度に荷重をかけた
Machine（機械）	切削加工時にクラックが入った
Material（材料）	吸水して材料特性が変化した
Method（方法）	強度評価手法が誤っていた
Measurement（計測）	寸法測定の方法が明確に決まっていなかった
Environment（環境）	湿度の高い環境で使用した

No.7 『製品の使われ方』を明確にする

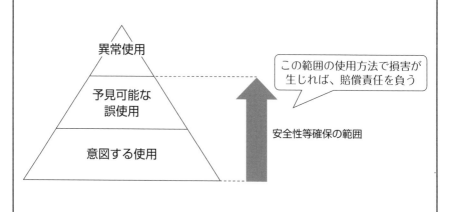

この範囲の使用方法で損害が生じれば、賠償責任を負う

安全性等確保の範囲

No.8 『ストレス』を分析して故障原因を特定する

分類	例
機械的ストレス	応力、繰り返し応力、加速度、振動、衝撃…
電気的ストレス	電圧、電流、静電気、磁界、電界、光、放射線、高周波…
熱的ストレス	高温、低温、温度サイクル、熱応力、熱衝撃…
化学的ストレス	化学物質、排気ガス、薬品…
生物的ストレス	動物、植物、虫、微生物…

No.9 『R-Map』でリスクを分析する

5	(件／台・年) 10⁻⁴超	頻発する	C	B3	A1	A2	A3
4	10⁻⁴以下 ～10⁻⁵超	しばしば 発生する	C	B2	B3	A1	A2
3	10⁻⁵以下 ～10⁻⁶超	時々 発生する	C	B1	B2	B3	A1
2	10⁻⁶以下 ～10⁻⁷超	起こりそう にない	C	C	B1	B2	B3
1	10⁻⁷以下 ～10⁻⁸超	まず起こり 得ない	C	C	C	B1	B2
0	10⁻⁸以下	考えられ ない	C	C	C	C	C

発生頻度（左縦軸）

			無傷	軽微	中程度	重大	致命的
			なし	軽傷	通院加療	重傷 入院治療	死亡
			なし	製品発煙	製品発火 製品焼損	火災 (周辺焼損)	火災 (建物延焼)
			0	I	II	III	IV

危害の程度

※発生頻度は製品や被害者などにより異なるので注意。

A 領域（許容できない領域）

B 領域（ALARP 領域：便益が期待される場合に限りリスクが受け入れられる領域）

C 領域（広く一般に受容される領域）

一般財団法人日本科学技術連盟の「R-Map 実践研究会」で開発されたリスクアセスメント手法。
経済産業省や nite が製品事故分析などに使用しており、自社製品との相対比較が可能。

No.10 『QC 7 つ道具』で分析する

グラフ
データを理解しやすくする

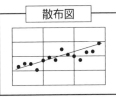
散布図
相関関係を確認する

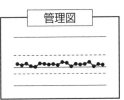
管理図
異常を発見する

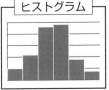
ヒストグラム
ばらつきを確認する

チェックシート

	月	火	水	木	金
A	///	//	/		ﾆﾆ
B			ﾆﾆ		
C		/			
D	ﾆﾆ		//		

収集したデータの集中具合を確認する

パレート図
対象が全体に及ぼす影響を確認する

特性要因図
特性と要因の関係を系統的に表す

No.11 『安全設計手法』で安全性を確保する

安全設計手法	内容	製品例
セーフライフ （安全寿命設計）	設定した使用期間内に故障しないことを目指す設計手法。ストレス－ストレングスモデルの考え方と安全率の導入によって達成を目指す。	圧力タンク 一般のあらゆる製品
フェールセーフ	故障したときに安全側の状態となるようなシステムによってリスクの低減を目指す設計手法。	踏切の遮断機 エレベーターの非常止め装置
フォールトトレランス	システムの冗長化、多重化により、一部の構成部品が故障しても製品の機能・安全を確保すること目指す設計手法。停止させることができないシステムで採用される。	無停止型サーバー 航空機
フールプルーフ	使用者が誤った使い方をしても安全を確保することを目指す設計手法。	洗濯機の蓋 一般のあらゆる製品

※その他にフェールソフト、フォールトアボイダンスなどがある。

No.12 『危険源（ハザード）リスト』でリスクを把握する

危険源（ハザード）	原因
機械的危険源	加速度、減速度、角張った部分、固定部分への可動要素の接近、切断部分、弾性要素、落下物、重力、床面からの高さ、高圧、不安定、運動エネルギ、機械の可動性、可動要素、回転要素、粗い・滑りやすい表面、鋭利な端部、蓄積エネルギ、真空
電気的危険源	アーク、電磁気現象、静電現象、充電部、高圧下の充電部に対する距離の不足、過負荷、不具合（障害）条件下で充電状態になる部分、短絡、熱放射
熱的危険源	爆発、火炎、極端な温度の物体又は材料、熱源からの放射
騒音による危険源	キャビテーション、排気システム、高速でのガス漏れ、製造工程（打ち抜き、切断など）、可動部分、表面のこすれ・ひっかき、バランスの悪い回転部品、音の出る空圧装置、部品の劣化・摩耗
振動による危険源	キャビテーション、可動部分の調整ミス、移動式装置、表面のこすれ・ひっかき、バランスの悪い回転部品、振動する装置、部品の劣化・摩耗
放射による危険源	電離放射線、低周波電磁放射、光放射（赤外線、可視及び紫外線）、レーザ、無線周波数帯電磁放射
材料及び物質による危険源	エアゾール、生物学的及び微生物学的（ウイルス又は細菌）な作用物質、可燃性、ほこり、爆発性、繊維、引火性、流体、ヒューム、ガス、ミスト、酸化剤
人間工学原則の無視による危険源	接近指示器及び視覚表示ユニットの設計又は位置、制御装置の設計、位置又は識別、努力（身体的）、明滅、まぶしさ、影及びストロボ効果、局部照明、精神的過負荷／負荷不足、姿勢、反復動作、視認性
機械が使用される環境に関連する危険源	ほこり及び霧、電磁妨害、雷、湿度、汚染、雪、温度、水、風、酸素不足
危険源の組合わせ	例えば、反復動作＋努力（身体的）＋高温環境

参考文献：JIS B9700:2013 付属書B

No.13 『3ステップメソッド』でリスクを低減する

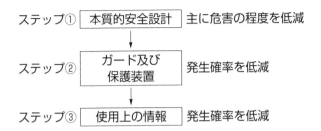

ステップ①　本質的安全設計　主に危害の程度を低減

ステップ②　ガード及び保護装置　発生確率を低減

ステップ③　使用上の情報　発生確率を低減

リスク低減の原則。リスクアセスメントを実施した結果、あるいは設計段階でリスク低減が不十分だと判断した場合、許容可能なリスクになるまでリスクを低減しなければならない。リスクは危害の程度と発生確率の組合せであるから、理論的にはどちらかを小さくすれば、リスクを低減することができる。しかし、リスク低減には優先順位が存在する。それを明確にしたものが、3ステップメソッドである。

参考文献：ISO/IEC Guide51:2014（JISZ8051）「安全側面－規格への導入指針」

No.14 『致命度マトリックス』でリスクを分析する

故障の影響の発生度		厳しさのレベル			
		破局的	重大	軽微	重要でない
	頻繁に起こる	X	X	1	2
	起こり得る	X	X	1	2
	時々起こる	X	X	1	2
	低い	X	1	1	2
	起こり得ない	1	2	2	3

X：受容できない
1：望ましくない
2：受容できる
3：無視できる

出所：JIS C5750-4-3:2021 を元に筆者作成

品質向上チェックリスト

番号	内容	チェック	解説項
1	QCD のうち Q を最も重視した活動を行っているか。		0-1
2	自社製品に関係のある法律、規格類を把握しているか。		0-2
3	品質問題が発生した後に必要な取組みを理解しているか。		0-4
4	品質は絶対的な尺度があるわけではなく、お客様の期待によって変わることを把握しているか。		1-1
5	当たり前品質、性能品質、魅力的品質の違いを理解しているか。		1-2
6	設計が機能⇒性能⇒詳細仕様の順番で進められていることを理解しているか。		1-4
7	品質の8割は設計段階までに決まることを理解し、フロントローディングの活動に力を入れているか。		1-5
8	品質と信頼性の違いを理解しているか。		1-6
9	定量的な品質目標を設定しているか。		2-1
10	品質目標を達成するために PDCA サイクルを構築しているか。		2-1
11	再発防止活動と未然防止活動の違いと関係を理解しているか。		2-2
12	品質向上を実現するための5つのポイントを理解しているか。		2-3
13	品質向上のためになぜ組織文化の醸成が重要なのかを把握しているか。		2-4
14	人材は設計者だけでなく、その他にも重要な人材が必要であることを理解しているか。		2-5
15	データ⇒情報⇒知識⇒知恵という設計資産を高度化する仕組みになっているか。		2-6
16	暗黙知と形式知が相互に関係しあって、よりよいナレッジになる仕組みになっているか。		2-7
17	設計プロセスを明確化しているか。		2-8
18	設計プロセスにおいて問題になりやすい状況を把握しているか。		2-9
19	設計プロセスを MECE で構築しているか。		2-9
20	設計の仕組みをマネジメントする体制があるか。		2-10
21	再発防止活動には2つの活動があることを理解しているか。		3-1
22	直接原因の解決だけでなく、根本原因の対策を行ったか。		3-2

番号	内容	チェック	解説項
23	根本原因の対策ではファシリテーターがその役割を果たしているか。		3-4
24	設計ルールのメリット・デメリットを把握しているか。		3-6
25	設計ルールは組織の階層毎に作成、管理しているか。		3-7
26	設計ルールの承認者は明確になっているか。		3-7
27	「禁止／強制／推奨／情報」「機能／性能／詳細仕様」の違いを理解した上で設計ルールを作成しているか。		3-8
28	設計者のエラーは3つに分類できることを理解しているか。		3-9
29	設計者のエラーはゼロにすることはできないことを理解した上で、設計の仕組みを構築しているか。		3-9
30	エラーの原因となる人の能力の特徴を知っているか。		3-10
31	5つのエラープルーフ化の方法を活用しているか。		3-11
32	チェックリストがなぜ必要なのかを理解しているか。		3-12
33	「使えるチェックリスト」になるように配慮しているか。		3-14
34	検図を実施する上でのポイントを理解しているか。		3-15
35	未然防止活動の優先順位を上げるための活動を行っているか。		4-1
36	なぜ未然防止活動が必要なのかを理解しているか。		4-2
37	どうすれば問題発見ができるかを理解しているか。		4-5
38	デザインレビューで問題発見しやすくする工夫を行っているか。		4-7
39	FMEAとFTAのメリット・デメリットを理解した上で使用しているか。		4-11
40	リスクアセスメントを実施しているか。		4-12
41	試作・評価の位置づけを「最後の砦」にしているか。		4-13
42	「問題を探す対象を減らす」ための活動を実施しているか。		4-14
43	問題発見能力の高い人を活用するための取組みを行っているか。		4-15
44	設計対象を「差別化できないもの」と「差別化できるもの」に分類しているか。		4-14 5-2
45	品質向上のためにデジタル技術を効果的に活用しているか。		5-2
46	ヒヤリハットに対応しているか。		5-3
47	設計の仕組みを継続的に改善しているか。		5-4
48	設計工数を見える化しているか。		5-5
49	不正を防ぐ取組みを実施しているか。		5-6

参考文献 (本文中に記載のないもの)

［1］ 岩波好夫 『図解 IATF 16949 よくわかる FMEA：AIAG ＆ VDA FMEA・FMEA-MSR・ISO 26262』 日科技連出版社
［2］ 宇宙航空研究開発機構 (JAXA) 「ヒューマンファクタ分析ハンドブック」
［3］ 経済産業省 『リスクアセスメント・ハンドブック (実務編)』
［4］ 田口宏之 『図解！ わかりやすーい強度設計実務入門』 日刊工業新聞社
［5］ 福井泰好 『入門 信頼性工学 (第2版)：確率・統計の信頼性への適用』 森北出版
［6］ 松本浩二 『R-Map とリスクアセスメント 基本編』 日科技連出版社
［7］ 吉村達彦 『トヨタ式未然防止手法 GD3―いかに問題を未然に防ぐか』 日科技連出版社
［8］ JIS B9955：2017 「機械製品の信頼性に関する一般原則」
［9］ JIS Q9024：2003 「マネジメントシステムのパフォーマンス改善―継続的改善の手順及び技法の指針」
［10］ JIS Q9027：2018 「マネジメントシステムのパフォーマンス改善―プロセス保証の指針」

索　引

〈著者紹介〉

田口　宏之（たぐち　ひろゆき）

1976年長崎県長崎市生まれ。田口技術士事務所代表。技術士（機械部門）。

九州大学大学院修士課程修了後、東陶機器㈱（現、TOTO㈱）に入社。12年間の在職中、ユニットバス、洗面化粧台、電気温水器等の水回り製品の設計・開発業務に従事。金属、プラスチック、ゴム、木質材料など様々な材料を使った製品設計を経験。また、商品企画から3DCAD、CAE、製品評価、設計部門改革に至るまで、設計業務に関するあらゆることを自らの手を動かして実践。それらの経験をベースとした講演、コンサルティングには定評がある。

2015年、福岡市に田口技術士事務所を開設。中小製造業やスタートアップ企業へ、製品立ち上げや人材育成の支援などを行っている。

毎月十万人以上が利用する製品設計者のための情報サイト「製品設計知識」の運営も行っている。
「製品設計知識」 https://seihin-sekkei.com/

〈著書〉「図解！わかりやすーい強度設計実務入門」（日刊工業新聞社刊）
　　　　「図解！わかりやすーいプラスチック材料を使った機械設計実務入門」（日刊工業新聞社刊）

図解！わかりやすーい
品質向上のための製品設計実務入門
設計者が事前に品質トラブルを防ぐための知識とルール
NDC 531.9

2023年11月10日　初版1刷発行
（定価は，カバーに表示してあります）

Ⓒ著　　者　　田　口　宏　之
　発 行 者　　井　水　治　博
　発 行 所　　日 刊 工 業 新 聞 社
〒103-8548　東京都中央区日本橋小網町14-1
　　　　　　電話　編集部　03（5644）7490
　　　　　　　　　販売部　03（5644）7403
　　　　　　　　　FAX　03（5644）7400
　　　　　　振替口座　　00190-2-186076
　　　　　　URL　　https://pub.nikkan.co.jp/
　　　　　　e-mail　info_shuppan@nikkan.tech

　　　　　　印刷・製本　美研プリンティング㈱

2023 Printed in Japan　　落丁・乱丁本はお取り替えいたします．
　　　　　　　　　ISBN 978-4-526-08301-3
本書の無断複写は，著作権法上での例外を除き，禁じられています．